TRAITÉ

DE

LA POMME DE TERRE.

IMPRIMERIE D'AUGUSTE BARTHELEMY,
Rue des Grands-Augustins, n° 10.

TRAITÉ

DE

LA POMME DE TERRE;

SA CULTURE, SES DIVERS EMPLOIS

DANS LES PRÉPARATIONS ALIMENTAIRES, LES ARTS ÉCONOMIQUES, LA FABRICATION DU SIROP, DE L'EAU-DE-VIE, DE LA POTASSE, etc.

PAR MM. PAYEN ET CHEVALLIER.

PARIS,

CHEZ THOMINE, LIBRAIRE-ÉDITEUR,

RUE DE LA HARPE, N° 78.

1826.

A Monsieur Ternaux.

Nous avons l'honneur d'offrir la dédicace de cet ouvrage, au philantrope éclairé, dont les efforts et l'exemple ont contribué à mettre en usage les utiles produits de la Pomme de Terre.

Ses très-humbles et très-obéissans serviteurs,

A. Payen et A. Chevalier.

PRÉFACE.

L'ACCUEIL flatteur que notre premier Mémoire sur les Pommes de Terre a reçu du public, en confirmant le jugement qu'en avait porté la Société Royale d'Agriculture (1), nous a fait désirer de rendre ce travail plus complet; nous avons cru pouvoir y parvenir, en rassemblant les résultats des travaux publiés par plusieurs savans sur cette précieuse plante, en indiquant les meilleurs modes de culture, les engrais à employer, les moyens de reconnaître les proportions de matière nutritive relatives aux sols et aux variétés, les procédés propres à leur conservation, les divers emplois dont sont susceptibles les tubercules et les tiges de ce vegétal, les préparations alimentaires que l'on peut en obtenir.

(1) Ce Mémoire, résultat de recherches stimulées par le programme de cette savante société, a été par elle jugé digne de la médaille d'or.

Nous nous sommes proposé, en réimprimant notre Mémoire, d'agrandir le cadre que nous avions d'abord rapproché des bornes d'un programme, et de rappeler aux cultivateurs toutes les ressources que lui offre une plante qui nous affranchit pour toujours du fléau des disettes. D'anciens préjugés subsistent encore contre l'aliment qu'elle fournit; et malgré les efforts de savans illustres, parmi lesquels on peut citer en première ligne le philantrope PARMENTIER et l'agronome CADET-DE-VAUX, notre but sera rempli, si nous avons contribué à mettre en honneur chez nous le végétal le plus productif que l'on connaisse dans le monde.

TRAITÉ

DE

LA POMME DE TERRE.

PARAGRAPHE Ier.

Origine, historique, description du Solanum tuberosum.

Cette plante, nommée vulgairement *pomme de terre* en France, et *potatoe* en Angleterre, paraît être originaire de Virginie, l'un des États-Unis de l'Amérique. On en trouve à Valparaiso, au Chili, où elle croît avec abondance dans des ravins ; les rapports de plusieurs voyageurs portent à croire que le *solanum tuberosum* vient spontanément à Monte-Viedo. Cette plante arriva des régions équatoriales en Italie, s'introduisit en Allemagne, d'où elle fut transportée en Espagne, et de là en Irlande, puis dans toute l'Angleterre.

Vers la fin du 16e siècle, la pomme de terre fut importée d'Italie en France ; on la planta en Franche-Comté d'abord, puis en Bourgogne ; mais bientôt un préjugé se répandit contre ces tubercules ; on prétendit qu'ils pouvaient donner la lèpre : leur usage fut défendu, et l'on cessa de les cultiver. La culture de la pomme de terre fut reprise quelques temps après, mais elle ne servit d'aliment qu'aux malheureux et aux bestiaux ; on lui supposait toujours quelques mauvais effets dans l'économie animale. L'article qui traite de ce tubercule, dans l'Encyclopédie, en 1765, se termine ainsi : « On reproche, avec raison, à la pomme de terre d'être venteuse; mais qu'est-ce que des vents pour les organes vigoureux des paysans et des manœuvres? »

Les préjugés reçus en France contre les pommes de terres s'étendirent de nos jours, même sur les gens qui faisaient un usage habituel de cet aliment; les Flamands et les Anglais étaient naguère encore en butte à nos sarcasmes, à cause de leur goût pour les pommes de terre, et de la grande consommation qu'ils en font.

La culture des pommes de terre, en France, est aujourd'hui très-étendue; et sa consommation, déjà très-considérable, est susceptible de s'accroître encore par les divers produits que l'on peut en obtenir.

La préparation de ces produits, et le mode de culture du *solanum tuberosum*, ont donné lieu à des recherches intéressantes sur lesquelles nous jetterons un coup-d'œil rapide, en signalant à l'estime publique les savans qui ont consacré une partie de leur temps à cet objet d'une utilité générale.

On doit placer, au premier rang, les travaux de M. Parmentier et ceux de M. Cadet-de-Vaux. Ces savans ont consacré une partie de leur existence à faire triompher la vérité sur les faux préjugés, enracinés depuis des siècles, contre les emplois les plus intéressans de ces tubercules.

Ce fut en 1785, que Parmentier fit le plus d'efforts pour démontrer les avantages que peuvent offrir les emplois des pommes de terre. Des calamités de toute nature, en l'année 1786, imprimèrent, à la culture de cette plante, un certain élan qui fut encore excité par un stratagème industrieux : on se rappelle que le philantrope Parmentier fit garder par des gendarmes un champ planté de pommes de terre, dans la plaine des Sablons, afin de donner l'envie d'en dérober : son but fut atteint.

Louis XVI accueillit avec bonté le bouquet si simple que

lui présenta Parmentier, et qu'il n'avait composé que des fleurs du *solanum tuberosum*. En effet, quel emblême plus flatteur pouvait-il offrir à ce prince que celui de la plus puissante garantie contre la famine? quel moyen plus ingénieux pouvait-on imaginer pour mettre en crédit une plante jusqu'alors dédaignée? Les courtisans, toujours attentifs à flatter le goût du roi, s'empressèrent à l'envie de cultiver une plante honorée de ses regards. C'est donc à la flatterie que nous devons une partie du bienfait de la culture des pommes de terre. En d'autres temps, l'essor que prit la culture de la betterave et les succès de nos fabriques de sucre indigène, furent dus à une cause semblable.

DESCRIPTION DE LA PLANTE (1).

La pomme de terre est le tubercule d'une plante de la famille des morelles : le *solanum tuberosum de Linné*; sa racine est vivace, rampante ; elle offre des tubercules charnus, amylacés, de forme et de grosseur qui diffèrent, selon les sols, les variétés et les soins de la culture. La tige de cette plante s'élève à la hauteur de deux à trois pieds; elle est herbacée, rameuse, anguleuse, un peu ailée. Ses fleurs sont en grappes; elles ont des couleurs variées : on en a observé des jaunes et des roses; elles sont placées au sommet des rameaux et en opposition avec les feuilles. La corolle est comme étoilée, à cinq tubes planes triangulaires; le sommet de ceux-ci est recourbé en dessus. Chaque lobe est plus épais à sa partie inférieure et moyenne. La corolle a un tube très-court. Les organes sont composés de cinq étamines insérées au sommet du tube ; les filamens sont très-courts; les anthères rapprochées totalement en forme de cône tronqué; chacune de ces anthères

(1) L'excellent ouvrage de M. Richard nous a servi à rendre la description de cette plante plus complète.

a deux loges qui s'ouvrent en un petit trou situé au sommet, ovaire libre, glabre, un peu conique, offrant deux légers sillons opposés; il est à deux loges contenant un très-grand nombre de petits ovules attachés à deux trophospermes saillans partant du milieu de la cloison; le style est plus long que les étamines. Il est glabre en forme de cylindre, et se termine par un stigmate capitulé, glanduleux à deux tubes distincts. Le fruit est une baie cérasiforme, d'abord verte, puis jaunâtre, enfin violacée à l'époque de sa parfaite maturité.

La pomme de terre est d'origine étrangère : les auteurs l'ont attribuée à différents pays; quoi qu'il en soit ce produit est une des meilleures importations qu'on ait pu faire, soit sous le rapport de ses emplois, comme aliment, soit sous celui de ses applications aux arts industriels.

La culture du *solanum tuberosum* est maintenant très-répandue en France, et la plupart des sociétés d'agriculture des départements ont publié des travaux sur la culture de ses différentes variétés.

PARAGRAPHE II.

Des sols convenables; préparation de la terre; plantation; soins pendant la végétation; récolte.

La pomme de terre vient dans presque tous les terrains; ceux qui lui conviennent le mieux sont peu compacts, pas humides, médiocrement fumés et surtout assez profonds.

On peut alléger, pour cette culture, les terres trop fortes avec des cendres de houille, des terres sableuses, du fumier de litière à longue paille, etc. Les terres trop sableuses seront améliorées par leur mélange avec de la marne, des argiles plastiques glaiseuses, des anciens dépôts d'égoûts, etc. Tous les fumiers conviennent; les plus actifs se répandent à la superficie, les autres au fond du labour.

La plantation de ces tubercules a lieu ordinairement dans les quinze derniers jours du mois de mars ou les premiers du mois d'avril (suivant les climats, les terrains et les saisons), sur des terres qui ont porté de l'orge coupé en vert, du trèfle des fèves ou de l'hivernage. On peut obtenir ainsi, dans un sol convenablement amendé et fumé, deux bonnes récoltes dans un an, et faire suivre, avec un succès assuré, la culture du blé, de l'orge ou d'autres céréales.

Pour obtenir une récolte abondante en pommes de terre, il faut préparer le sol avec soin: les pratiques suivies en Flandre (1) et en Angleterre, fruit d'une longue expérience, sont dignes d'être offertes pour modèles. Nous citerons les deux principales méthodes.

On donne successivement deux labours légers destinés à meublir et aérer la terre; un troisième, plus profond, sert quelquefois en même temps à ouvrir les tranchées pour déposer les tubercules et à les recouvrir de terre; mais si le sol est compact, on donnera un quatrième labour. La quantité et la proportion de pommes de terre obtenues, indemnisera suffisamment des frais que cette dernière façon occasionne. On doit se rappeler que la récolte de ces tubercules peut, en quelques circonstances, remplacer, pour les hommes et les animaux des fermes, les céréales qui auraient manqué.

Lorsque le terrain est prêt à recevoir les pommes de terre, on ouvre un sillon à la charrue; des femmes ou des enfans suivent le laboureur, en déposant à la main les pommes de terre (ordinairement coupées par quartiers, à moins qu'elles ne soient pas beaucoup plus grosses que des noix) au fond du sillon, et à neuf pouces environ de distance; le trait de charrue donné immédiatement après celui-ci, sert à déverser la terre sur les tubercules; il ne reçoit pas de plan. Celui que l'on

(1) *Voyez* l'Agriculture de la Flandre, par M. Cordier, on ne saurait trop recommander cet ouvrage aux Méditations de nos cultivateurs.

donne ensuite, est planté par les femmes ou enfans, de la même façon que le premier, et ainsi de suite jusqu'à ce que toute la surface du champ ait été parcourue de cette manière.

Chaque coup de charrue ayant au moins 14 pouces de large, on voit que les rangées de pommes de terre sont à 28 pouces, au moins, les unes des autres.

On passe ensuite la herse et le rouleau, on recommence trois ou quatre jours après, et deux fois encore avant que les pousses paraissent, en sorte que la terre est bien divisée et débarrassée de toutes mauvaises herbes.

Lorsque la plupart des jeunes plantes sont sorties de quatre à cinq pouces au dehors de la terre, on donne un léger labour à l'aide d'une charrue à deux déversoirs, et passant ainsi entre toutes les lignes, on opère en même temps un buttage qui rechausse, soutient et fortifie la racine de la plante ; ce labour s'opère quelquefois à la main avec une houe. Le champ se recouvre bientôt d'herbes parasites ; on les enlève par un sarclage ordinaire, que l'on répète plusieurs fois, à des intervalles plus ou moins courts, suivant que l'herbe repousse plus ou moins vite. On ne cesse les sarclages que lorsque les plantes ont pris assez de développement pour ombrager toute la superficie du sol.

La plupart des fermiers, en Flandre, font verser à la main une petite quantité d'engrais flamand (*gadoue*, matière fécale humaine) à chaque pied de pommes de terre, en prenant la précaution de ne pas toucher les feuilles ni les tiges; cette fumure augmente beaucoup la fécondité du terrain, elle double quelquefois le produit.

On donne ordinairement deux buttages à la terre avant que les tiges aient acquis tout leur développement. Les pommes de terre hâtives se récoltent au commencement du mois d'août: la plupart des autres variétés s'arrachent en octobre.

On se sert, pour l'arrachage des pommes de terre, de bêches pleines ou à trois lames, de houes à une ou deux lames, suivant l'habitude du pays et la nature du terrain. Quel que soit au reste l'outil que l'on emploie, il faut enlever chaque pied avec le plus de terre possible, afin d'avoir tout à-la-fois la plus grande partie des tubercules ; on brise la motte, et des femmes ou des enfans ramassent les pommes de terre; on donne encore deux ou trois coups de bêche ou de houe pour reprendre les tubercules échappés la première fois.

On emploie ordinairement, par hectare de terrain, sept à huit hectolitres de pommes de terre, et l'on en récolte, par une bonne culture, de deux cent à trois cent cinquante hectolitres.

Cette culture est d'une grande importance ; elle seule peut assurer la nourriture du fermier et de ses gens contre les effets des sécheresses, des pluies, de la grêle, des gelées, etc., souvent funestes à tant d'autres récoltes.

Il résulte des observations de M. Chancey de Lancenoy, département du Rhône, que l'on peut obtenir des avantages marqués en faisant succéder, dans de bas terrains, la pomme de terre aux seigles, orges et froment, dans les localités où la récolte de ces céréales a lieu vers les mois de juin et juillet. Cette méthode est suivie déjà, dans quelques départemens de la France : il paraît qu'il serait utile de la propager,

Voici quelles sont les précautions indiquées par M. Chancey, et qui doivent être prises pour assurer le succès des plantations tardives.

On porte, au printemps les tubercules les plus gros, dans un endroit sec et éclairé; on les étend en une couche assez mince pour qu'ils ne soient, en aucun point, les uns sur les autres. Par ces dispositions, les germes se dégagent aisément, acquièrent de la consistance, et se colorent en vert : condition utile à toute végétation active. On plante les tubercules entiers, en ayant grand soin de ne pas rompre les tiges, et de recouvrir très-légèrement celles ci de terre : elles ne tardent pas à se montrer au-dehors, et la végétation se trouve avancée de plusieurs jours.

PARAGRAPHE III.

Différens modes de plantation dans la grande culture. Procédés de la petite culture.

Le mode de plantation, que nous venons d'indiquer, donne, en général, de très-bons résultats; celui que nous allons décrire est cependant préférable dans plusieurs circonstances: l'humidité des sols, les pluies fréquentes, etc.; il réussit d'ailleurs très-bien dans toutes les localités.

Après avoir donné à la charrue les deux ou trois premiers labours préparatoires, on trace le sillon qui doit recevoir les tubercules, à deux pieds de la lisière du champ; la plantation se fait de la même manière que nous avons indiquée; on plante encore, dans le premier, le second et le troisième sillons tracés immédiatement après celui-ci; le quatrième n'est utile que pour recouvrir de terre les tubercules placés dans le troisième; on reporte alors la charrue à quatre pieds de là, et l'on ouvre un sillon parallèle aux autres, dans lequel on dépose des pommes de terre, et successivement trois autres reçoivent aussi des tubercules comme les premiers; un quatrième sert seulement à recouvrir de terre le précédent; on reporte de nouveau la charrue à quatre pieds de distance, et on continue de la même manière jusqu'à ce que tout le champ soit planté. On passe ensuite la herse et le rouleau, puis la charrue, et l'on donne les premiers sarclages, comme nous l'avons dit; mais les buttages se font d'une autre manière. Dès que la plante a acquis environ la moitié de son développement, on commence à la butter, et on pratique la même opération quatre ou cinq fois, à des intervalles plus ou moins rapprochés, suivant les saisons, jusqu'à ce que la fleur soit passée. Voici comment se pratique cette opération, que les premières dispositions ont eu pour but de faciliter.

La terre étant fort ameublie par la charrue, la herse et le rouleau, entre les bandes plantées, il suffit, pour le premier buttage, de relever à la pelle cette terre, en en jetant moitié de chaque côté sur les bandes. Avant le deuxième buttage, on laboure dans les intervalles, on passe la herse et le rouleau afin de bien nétoyer la terre de ses mauvaises herbes, et la diviser convenablement; il est ensuite très-facile de la relever à la pelle sur les bandes plantées.

On voit, par cette méthode, que l'on peut élever un buttage assez haut, sans grands frais de main-d'œuvre; que l'on creuse en même temps des rigoles larges entre les bandes; que ces rigoles sont très-favorables à l'égoutage des terres humides et des eaux pluviales; si l'on y répand un fumier actif, tel que l'engrais flamand, il contribue puissamment, par les gaz qu'il dégage, à l'alimentation des feuilles, et ne peut gêner la plante; enfin, devenu moins actif, et mélangé avec la terre pour le buttage suivant, il fertilise le sol et active la végétation des racines.

Les pommes de terre, cultivées de cette manière, donnent un grand nombre de tubercules qui, généralement, contiennent moins d'eau et une plus forte proportion de matière nutritive que dans les autres cultures.

Procédés de la petite culture dans les jardins. La seule préparation que l'on donne habituellement à la terre, consiste dans un labour d'un fer et demi de bêche (environ 15 pouces), et cela suffit, parce que la terre, sans cesse travaillée, est toujours très-meuble. Lorsqu'on a une assez grande étendue de terre à labourer ainsi, la houe est plus prompte et plus économique. Si la terre a besoin d'une fumure, on répand ordinairement le fumier sur le terrain avant le labour, et on l'enterre en labourant; on peut économiser le fumier, en le plaçant au fond de chaque fosse.

Lorsque la terre est disposée, on creuse, d'un seul coup de bêche pour chaque pied, des trous d'environ neuf pouces de profondeur à quinze pouces de distance les uns des autres; on place, dans chacun, deux ou trois quartiers de grosses pommes de terre, ou deux ou trois petits tubercules entiers, et l'on recouvre avec une partie de la terre retirée du trou; le reste sert plus tard à butter, en sorte qu'à chaque place plantée il reste un creux.

Dès que les jeunes pousses se montrent hors de terre, on opère le premier sarclage si les mauvaises herbes sont déjà assez nombreuses. Lorsque les tiges ont six à huit pouces de haut, on donne un binage en rechaussant les pieds; on réitère cette façon deux ou trois fois, dans le cours de la végétation, en buttant de plus en plus; toutes ces façons doivent être regardées comme indispensables pour obtenir des récoltes abondantes.

Il paraît que l'on a observé des résultats fort remarquables d'un buttage particulier appliquable aux petites cultures : lorsque les pommes de terre ont déjà poussé des tiges assez fortes au-dessus du buttage ordinaire, on défonce, des deux bouts, des petits barils de cent à deux cents litres; on passe toutes les fanes dans un des bouts, que l'on appuie fortement sur la terre, puis au fur et à mesure que les tiges grandissent, on ajoute de la terre dans le baril, qui finit par se remplir, lorsque les feuilles commencent à le déborder. Il se forme des tubercules dans toute la longueur de ce vase, et l'on assure que l'on obtient plus de quatre fois autant de produit que par un buttage ordinaire. Il est certain, au reste, que les buttages sont essentiels à la culture des pommes de terre, et que de ces façons dépend surtout la quantité du produit. Cette méthode, que nous n'avons pas répétée ni vu appliquer, pourrait être rendue moins dispendieuse, en substituant aux barils, des paniers défoncés qui, dans les fabriques d'acide sulfurique et celles de soude, sont à-peu-près sans valeur.

PARAGRAPHE IV.

Avantages que présente la culture de la pomme de terre, comparée avec plusieurs autres.

Ainsi que nous l'avons déjà rappelé, c'est un fait constant que la culture de la pomme de terre nous a mis pour toujours hors des atteintes des disettes : quelques données positives feront mieux encore ressortir les avantages de cette culture, et feront connaître dans quels rapports les produits alimentaires qu'elle procure se trouvent avec ceux de plusieurs autres plantes économiques.

Le tableau suivant est extrait de l'agriculture de la Flandre, ouvrage déjà cité.

Evaluation de différentes récoltes d'un hectare, calculées sur des prix moyens de dix années.

GENRE DE CULTURE.	PRODUIT NET.		PRIX MOYEN.		VALEUR TOTALE.
		hect.	f. c.	f. c.	f. c.
Blé froment d'hiver....	Graine	19 28 à	21 10	406 80	548 44
	Paille	33 41 »	4 00	133 64	
Blé barbu d'hiver.......	Graine	19 86 »	20 95	416 06	558 58
	Paille	35 63 »	4 00	142 52	
Blé de mars, avril, mai.	Graine	15 64 »	18 92	295 90	409 50
	Paille	28 40 »	4 00	113 60	
Seigle d'hiver............	Graine	16 72 »	11 66	194 95	279 76
	Paille	28 27 »	3 00	84 81	
Sucrion (orge d'hiver).	Graine	41 23 »	14 64	603 60	672 14
	Paille	34 27 »	2 00	68 54	
Orge de mars............	Graine	36 27 »	12 88	467 15	526 21
	Paille	29 53 »	2 00	59 06	
Avoine de mars..........	Graine	47 42 »	7 17	340 00	394 84
	Paille	27 42 »	2 00	54 84	
Pommes de terre.......		275	3 15	» »	866 25

Ce tableau présente le produit des récoltes, déduction faite, des semences : en le continuant pour les fèves de mars, colza, cameline, œillette, lin (de gros et de fin), navets, betteraves, treffle sec, hivernage, tabac, choux-collets, nous aurions vu, qu'à l'exception du lin et du tabac, toutes ces cultures sont bien moins productives que les pommes de terre, et à-peu-près dans le même rapport que les céréales. Or, d'après le rapport ci-dessus, on voit que le produit brut moyen d'un hectare de terre, cultivé en céréales, est de. . . . . 550 fr. » c.

Les frais de culture sont d'environ. . . . . 400 »

Le produit net en argent est de. . . . . 150 »

Les pommes de terre donnent un bénéfice bien plus considérable; en effet le tableau indique un produit brut de 866 fr. 25 c.

Déduisant les frais de culture. . . . . 500 »

Il reste un bénéfice net de. 366 25

auquel il conviendrait d'ajouter quelque chose pour la valeur des fanes réduites en fumier ou en cendres, et pour le bon état dans lequel le terrain est laissé après la récolte.

Cette différence, dans le produit en argent, se retrouve dans la plupart des localités, mais la valeur vénale pourrait n'être pas l'expression de la valeur réelle, que l'on doit, avec raison, attribuer à la quantité de substance alimentaire : nous allons voir que, sous ce rapport, les pommes de terre ont encore une supériorité plus marquée.

Le tableau qui suit nous montre ces relations. Il fut présenté par l'un de nous, à la suite d'un mémoire sur l'analyse comparée des Betteraves, lu à la Société Philomatique, le 17 juillet 1825, approuvé depuis et inséré dans son bulletin.

Tableau des produits comparés entre plusieurs cultures, dans le même terrain.

TERRAIN CULTIVÉ (un hectare).	PRODUIT TOTAL.	SUBSTANCE nutritive sèche.
Pommes de terre.	kilog. 21,000	kilog. 5,119
Topinambours.	19,100	3,839
Betteraves jaunes.	28,000	3,200
Betteraves rouges.	28,000	3,080
Betteraves blanches de Silésie.	25,000	3,022
Blé.	hectol. 20	1,200
Navets.	kilog. 18,000	1,115

Les pommes de terre ont donc donné, en matière nutritive sèche, pour la même surface de terrain, plus de quatre fois davantage que le blé ; sa supériorité, relativement à la nourriture de l'homme, est donc incontestable; relativement à celle des animaux, si l'on fait la somme des produits réels des autres tubercules et racines présentés ci-dessus, on aura 14,256; prenant le 5ᵉ pour obtenir la moyenne, on trouvera 2,851; ce n'est guères plus que la moitié des produits des pommes de terre. On obtiendrait un résultat, bien inférieur encore, si l'on prenait l'ensemble de toutes les cultures.

La culture de la pomme de terre est donc une de celles qui présentent le plus de bénéfice, et la plus productive, de toutes, relativement à la substance nutritive qu'elle fournit.

Il n'en faut pas tirer la conséquence, toutefois, que le fermier devrait renoncer à cultiver les céréales, et diminuer de beaucoup l'importance de quelques autres cultures. En économie rurale, le moyen de produire beaucoup est de varier les cultures; les frais de transport, soit pour aller vendre, soit pour aller acheter, sont toujours à la charge du fermier; ils diminuent la valeur de ses denrées et augmentent le prix de celles qu'il achète; il a donc intérêt à récolter tout ce qui se consomme chez lui. D'ailleurs il est facile de voir que si, tout d'un coup, une trop grande masse de pommes de terre se présentait sur les marchés, la valeur en baisserait bientôt, et les bénéfices présumés ne se réaliseraient plus; on doit donc donner d: l'extension à la culture de ces précieux tubercules, pour diminuer le prix de la nourriture de toutes les classes peu fortunées, et fournir aux nombreux emplois indiqués dans ce mémoire; mais cette extension utile ne peut avoir lieu que graduellement, et ne doit pas être illimitée.

PARAGRAPHE V.

Avantages qui résultent des façons données au terrain et des engrais employés dans la culture du solanum tuberosum.

Quelques cultivateurs ont mis en doute que les façons ou les engrais postérieurs à la plantation des pommes de terre pussent indemniser des frais qu'ils occasionnent par l'excédant de produit qu'ils procurent. On remarque même dans beaucoup de contrées où l'agriculture est peu avancée, que les champs de pommes de terre labourés au plus deux fois, et hersés une, avant la plantation, ne reçoivent plus d'autres façons qu'un seul sarclage; souvent on ajoute un binage, et l'on peut dire que, généralement en France, il est rare qu'on les rechausse avant de les butter.

Il aurait pu paraître suffisant, pour combattre ces méthodes imparfaites, de citer les méthodes éprouvées par une longue expériences, en Flandre et en Angleterre : là une active concurrence rend les cultivateurs industrieux; la concurrence même, dans l'achat des engrais, porte ceux-ci à un prix élevé.

Nous avons cru toutefois devoir éclairer la question par des essais comparatifs, et la Société Royale d'Agriculture, ne les ayant pas regardés comme inutiles, nous les reproduirons ici.

Nous avions divisé une surface d'un terrain bien homogène en deux planches; les premiers labours et le mode de plantation furent les mêmes; nous employâmes, pour plan, des tubercules égaux, d'une seule variété, pour chaque carré correspondant; enfin, nous nous efforçâmes de mettre les deux planches dans des circonstances semblables; l'une d'elles fut cultivée, l'autre fut abandonnée sans culture.

Voici le tableau des résultats obtenus de chacune d'elles :

NOMS DES VARIÉTÉS.	PRODUIT Terrain cultivé.	PRODUIT terrain non-cultivé.	DIFFÉRENCE.
Patraque blanche.	537 450	440 200	97 250
Patraque jaune.	430 375	221 450	208 925
Hollande jaune.	327 350	206 230	121 120
Hollande rouge.	317 500	150 360	167 140
Violette.	151 450	60 255	91 195
Rouge, ronde.	350 250	151 320	198 930
Vitelotte.	310 500	210 180	100 320

On voit, par les résultats qu'offre le tableau précédent, que la culture a une grande influence sur la quantité de produit à surface égale, et toutes choses égales d'ailleurs, puisqu'en effet le terrain cultivé a produit, pour la plupart des variétés, environ deux fois plus que le terrain resté sans culture, et particulièrement pour la patraque jaune, qui est la variété la plus productive.

La différence paye bien plus que les frais, puisqu'en substituant au produit indiqué au paragaphe 4me, la quantité que l'on aurait obtenue sans culture, ou seulement 137 hectolitres et demi, la valeur de la différence, ou 433 fr. 12 cent., est quatre fois plus considérable que le prix des frais de culture excédant ceux des façons ordinaires.

Les engrais contribuent à faire obtenir un produit plus considérable, mais il ne nous a pas été possible d'apprécier exactement leur importance dans cette culture. Cependant des expériences, que nous avons tentées dans ce but, nous ont donné des résultats que nous croyons devoir consigner ici.

Nous choisîmes un terrain calcaire compact; il fut labouré, hersé d'une manière uniforme sur toute sa surface; puis divisé en trois parties égales : la première fut cultivée avec les soins convenables, mais sans y mettre d'engrais; la deuxième traitée avec les mêmes soins, avait été recouverte préalablement avec un engrais de charbon animal résidu des raffineries de sucre (1); la troisième, sans engrais, a été abandonnée sans culture après la plantation. Ces terrains, contenant chacun soixante-dix pieds de pommes de terre, ont donné les résultats suivants :

NOMS DES VARIÉTÉS.	TERRAIN cultivé.		CULTIVÉ avec engrais.		INCULTE sans engrais.	
	kil.		kil.		kil.	
Patraque blanche.	84	250	175	670	46	700
Patraque jaune.	70	500	130	640	43	140
Hollande jaune.	60	225	70	128	41	200
Hollande rouge.	70	200	61	250	50	»
Violette (2).	49	135	68	120	31	580
Rouge, ronde.	71	»	100	705	37	489
Vitelotte	60	650	78	550	32	500

(1) Le charbon animal, après avoir servi au raffinage du sucre, est un très-bon engrais, il a été indiqué et employé avec succès par M. Payen (*Voyez* son Mémoire sur les Charbons, chez Audin, libraire à Paris; prix : 1 fr.). M. Mallet de la Varenne-Saint-Maur, M. Santerre, etc., en ont déjà depuis long-temps fait usage.

(2) La pomme de terre violette n'a pas atteint son degré de maturité.

Il résulte de ces expériences que la culture et les engrais contribuent les uns et les autres à rendre les produits plus abondants; qu'en outre, cette augmentation de produits compense, et bien au-delà, la plus forte dépense que l'on fait pour l'obtenir.

Il résulte encore des expériences que nous avons faites, ainsi que de celles de M. Dubuc de Rouen, qu'une solution faible d'hydrochlorate de chaux, répandue sur la terre, lorsque les tiges ont acquis une partie de leur développement, détermine une végétation plus active et des produits plus considérables; mais il ne nous a pas été possible de déterminer les proportions les plus utiles de cette solution, parce qu'elles varient suivant la saison et les terrains. Il est du moins certain, que le muriate de chaux, ajouté en trop grande quantité, nuit aux plantes et peut même les faire périr promptement; on ne devra donc en faire usage qu'avec circonspection, et ne pas trop forcer les doses. En augmentant d'ailleurs par degrés les proportions employées, et étudiant les effets, pendant plusieurs années, dans des saisons plus ou moins sèches, plus ou moins pluvieuses, on pourra acquérir des données plus certaines sur cette sorte d'engrais (1).

PARAGRAPHE VI.

DISCUSSION *des différents modes de planter les tubercules: entiers, en morceaux, en germes, pelures, graines, etc. Moyens de répandre les bonnes espèces et de proscrire les mauvaises.*

Nous nous sommes assurés, par des essais comparatifs, qu'il ne pourrait y avoir généralement aucun avantage dans la substitution des morceaux, des pelures, des germes, etc., aux

(1) Le genre d'action que différens sels exercent sur les végétaux n'est pas encore bien connu; on a formé, sur ce sujet, différentes hypothèses plus ou moins hasardées; toutefois, on admet assez généralement que les sels déli-

tubercules entiers ; les faits que nous avons apportés à l'appui, dans le Mémoire qui fut honoré des suffrages de la société royale d'Agriculture, ont été confirmés depuis par des expériences renouvellées plusieurs fois.

Ces moyens d'économie des tubercules ne sont applicables que dans des temps où les pommes de terre seraient fort rares ; ils auraient plus de succès dans les saisons humides que dans les années sèches : en effet, on conçoit que la plante ne recevant pas sa première nourriture d'un tubercule volumineux, et ne pouvant la puiser dans un sol desséché, doit végéter avec peine, pousser de faibles rejettons et donner peu de produits.

La conservation des pelures avec les yeux des tubercules, peut être utile pour envoyer au loin, sous un petit volume et un poids peu considérable, les moyens de reproduction des variétés nouvelles. Dans ce cas, on devra emballer les yeux et les pelures dans de la balle d'avoine bien sèche, et les garder jusqu'à la saison convenable à l'abri de l'humidité.

Il nous est également bien démontré aujourd'hui, que les tubercules coupés en quartiers, comme cela se pratique habituellement, donnent surtout, dans les années sèches, beaucoup moins de produits que les tubercules entiers ; qu'enfin, les pommes de terre les plus saines et les plus grosses, rapportent généralement les tubercules les plus nombreux et les plus gros ; que ces produits plus abondants indemnisent et bien au delà, des prix plus élevés que coûtent les semenceaux.

L'emploi des graines a été reconnu utile, par le célèbre agronome Thouin, pour régénérer les races : ce savant naturaliste conseille de faire des semis avec les graines récoltées dans nos climats, afin de faire naître un grand nombre de variétés

---

quescens, tels que le muriate de chaux, agissent utilement en attirant l'humidité de l'atmosphère pour la transmettre aux racines des végétaux, et que la plupart des autres sels agissant comme excitans des forces végétatives.

appropriées à notre sol, dont les unes seront inférieures et les autres supérieures aux espèces que nous possédons. Celles que l'on aura choisies, cultivées avec soin, animées de la vigueur des plantes jeunes qui n'ont pas changé de climat, donneront des produits abondants d'une qualité supérieure.

Thouin indique le procédé suivant, pour faire ces semis : *ramasser les graines du solanum dans les années chaudes où elles parviennent à leur maturité, et les semer sur une planche de terre bien amendée : on obtiendra, dès l'automne de cette même année, une multitude de tubercules de la grosseur d'une aveline qui serviront à faire des plantations au printemps suivant; ce plant, à la fin de la saison, donnera des récoltes plus abondantes et des qualités préférables à celles qu'on obtient par la plantation des tubercules des anciennes races. Pour obtenir cet avantage, il suffit de consacrer à ces semis une planche de quelques mètres d'étendue.*

Le procédé, à l'aide duquel on peut répandre les bonnes espèces, est fort simple; il a été appliqué avec succès par un grand nombre de riches propriétaires; il consiste à payer les ouvriers qu'on emploie: trois quart en argent et un quart en bonnes espèces de pommes de terre. C'est ainsi que M. Dumont, maire de Saint-Ouen, près Pontoise, a rendu un grand service aux cultivateurs qui ont travaillé pour lui, en répandant parmi eux, et faisant multiplier de bonnes variétés qu'ils n'eussent pas songé à se procurer. Ne pourrait on pas obtenir une amélioration générale dans la culture des bonnes variétés, en fondant, pour divers départemens agricoles, des prix annuels décernés publiquement aux agriculteurs, qui, soit au moyen de semis bien entendus, soit par le choix des tubercules plantés, auraient présenté les récoltes les plus abondantes des variétés les plus estimées? Nous laissons à nos agronomes philantropes le soin de déterminer les moyens les plus convenables pour stimuler les recherches et rendre les bonnes pratiques constantes sur cet objet intéressant.

PARAGRAPHE VII.

Moyens d'obtenir des pommes de terre précoces dans la grande culture.

On doit mettre en réserve, pendant l'automne, les plus gros tubercules, et les planter au printemps; ces tubercules donnent des plantes fortes et vigoureuses, susceptibles de se remettre aisément de ce qu'elles peuvent avoir à souffrir de la gelée ou d'autres intempéries de la saison. Il faut avoir le soin de disposer les tubercules de manière à ce que le germe soit situé vers le haut; la position contraire nuit au développement de la tige et par conséquent à la formation des tubercules. Lorsque les jeunes plantes viennent à paraître, on peut les recouvrir de paille longue, légère ou de terre molle, pour les garantir de la gelée.

PARAGRAPHE VIII.

Appréciation de la valeur réelle des différentes sortes de pommes de terre, et méthode à employer pour reconnaître la quantité de matière sèche contenue dans ces tubercules.

Les rapports qui existent entre les quantités d'eau et de matière sèche contenues dans les diverses variétés, suivant les terrains, etc., doivent être déterminés par l'expérience, si l'on veut obtenir une donnée exacte sur la valeur réelle de ces tubercules.

En effet, la quantité de pommes de terres obtenues en poids dans un arpent de terrain, quoique plus considérable que celle obtenue d'un autre, pourrait ne représenter qu'une valeur excédante illusoire; nous allons en donner ici un exemple : supposons que le poids total des produits d'un arpent soit de 9,000 kilog., et que ce produit soit composé : 1° de matière sèche 0, 32, et 2° d'eau 0, 58; qu'un autre produit d'un arpent soit de 15,000 kilog., mais ne contienne que 0, 15 de matière sèche, et 0, 85 d'eau, il est bien clair que le premier résultat sera en apparence moindre que le deuxième, dans la proportion de 9,000 à 15,000 ou de 100 à 166, ou encore n'équivaudra pas aux deux tiers du deuxième produit, tandis que réellement en tenant compte de la matière sèche contenue dans ces deux produits, l'on obtiendra des résultats contraires; en effet, le premier qui semblait moindre, représentant 0, 32, contient réellement en matière solide 2,880 kilog, et le deuxième produit, qui d'après les premières données semblait le plus fort, n'en contient à 0, 15 de la totalité que 2,251 kilog. Il en résulte donc que la valeur réelle en raison des poids des principes nutritifs est, en sens inverse, de la valeur apparente, déduite simplement de la quantité totale obtenue.

Il nous semble, d'après ces considérations, que la quantité de matière sèche doit servir de mesure pour la valeur relative des pommes de terre, puisque d'ailleurs cent parties en poids de ces tubercules ne contiennent que 1, 5 au plus de fibres ligneuses qui ne puissent servir à la nutrition.

Nous avons fait des recherches sur la quantité de matière nutritive contenue dans diverses variétés plantées sur un même terrain, et toutes les autres circonstances étaient égales d'ailleurs.

***TABLEAU** des proportions de substance nutritive contenues dans plusieurs variétés de pommes de terre.*

DÉSIGNATION DES VARIÉTÉS.	EAU.	MATIÈRE SOLIDE.
Patraque rouge............	72 »	27 »
Patraque blanche..........	69 »	31 »
Patraque jaune............	69 »	31 »
Divergente................	74 20	25 80
Bloc......................	68 »	32 »
Schaw.....................	72 50	27 50
Philadelphie..............	69 »	31 »
Fruit pain................	67 50	32 50
Turlusienne...............	64 80	35 20
Mayençaise................	75 »	25 »
New-York..................	64 25	35 75
Jersey....................	72 »	28 »

En jetant un coup-d'œil sur ce tableau, on voit quelles sont les différences entre les produits solides des différentes variétés; l'on reconnaîtra facilement les variétés les plus productives et par conséquent celles auxquelles il faut donner la préférence dans la grande culture.

Les rapports pourraient être modifiés en répétant ces essais dans des terrains différens; mais il est probable que l'ordre des plus fortes productions ne serait pas interverti, et d'ailleurs le mode d'essai étant facile à suivre, il sera toujours mieux d'obtenir des données spéciales pour chaque localité, et même pour les différentes saisons. Ce n'est toujours que par une grande masse de faits, que l'on peut généraliser quelques résultats.

TABLEAU des variétés que l'on rencontre sur le carreau de la halle de Paris, et examen comparatif des quantités de matières solides qu'elles ont fournies.

DÉSIGNATION DES VARIÉTÉS.	EAU.		MATIÈRE SOLIDE.	
Patraque blanche..........	74	50	25	50
Patraque jaune.............	71	»	29	»
Hollande jaune.............	67	50	32	50
Hollande rouge.............	72	»	28	»
Violette...................	78	50	21	50
Rouge ronde...............	74	»	26	»
Vitelotte..................	79	50	20	50

Le tableau suivant est le résultat d'essais faits par M. Vauquelin; ce célèbre chimiste a constaté les proportions d'eau et de matière solide que les espèces désignées contiennent sur cent parties.

(1) Ce tableau et celui qui suit n'ont pu être dressés sur des tuburcules récoltés dans le même terrain, en sorte que leurs résultats ne peuvent être comparés rigoureusement.

TABLEAU.

NOMS.	EAU.	MATIÈRE SÈCHE.
La léhugine.	67 »	33 »
La calicuger.	67 60	32 40
La violette franche.	68 »	32 »
La violette imbriquée.	68 »	32 »
La Keducy.	68 60	31 40
La bleue des forêts.	68 60	31 40
La grosse zélandaise.	69 »	31 »
La Beauli eu.	75 »	25 «

Méthode à suivre pour opérer le dessèchement des tubercules que l'on veut comparer sous le rapport de leurs parties solides.

On prend les variétés de pommes de terre cultivées dans le même terrain et dans les mêmes circonstances, autant que possible, vers la même époque, c'est-à-dire au moment de la récolte, on les sépare exactement de toute la terre qui est adhérente à leur superficie. Lorsqu'elles sont ainsi nétoyées, on coupe de chaque variété une quantité égale de tranches en couches minces, on en pèse exactement 100 parties, 100 grammes par exemple, puis on les fait dessécher soit à l'étuve, soit dans tout autre lieu sec et chauffé de 25 à 30 deg. On reconnaît que la dessication est complète lorsqu'après les avoir pesées plusieurs fois de suite à des intervalles de trente à quarante minutes, on obtient chaque fois le même poids : les tranches sont alors dures et cassantes, on note les derniers poids obtenus ; ils indiquent directement en grammes le nombre de centièmes de substance sèche contenue dans chaque sorte essayée, et l'on conclut de la perte en poids, la quantité d'eau vaporisée. Si 100 grammes d'une variété laissent pour résidu sec 25 grammes, on en concluera que cette variété contient sur cent parties 0, 75 d'eau, et 0, 25 de matière sèche; on compare ensuite entre elles les variétés et leurs rapports entre ces résultats (1).

PARAGRAPHE IX.

De l'influence du sol sur la quantité de matière solide contenue dans les pommes de terre.

L'humidité et la sécheresse du sol, ainsi que nous avons eu l'occasion de le remarquer dans un grand nombre d'expériences, influent sur la composition des végétaux, et donnent lieu à des produits qui contiennent une proportion d'eau plus ou moins grande, selon que le terrain est plus ou moins humide. Nous allons essayer de démontrer l'exactitude de cette assertion, en réunissant dans un tableau les résultats d'expériences faites dans ce but. Ce tableau indique, dans ses trois colonnes, les données numériques obtenues, en comparant les quantités d'eau et de matière solide que contenaient les mêmes variétés plantées en même temps, et réunissant d'ailleurs toutes les autres circonstances semblables.

---

(1) Le mode de dessication indiqué n'enlève pas la quantité d'eau absolue ; mais cela serait difficile sans altérer la matière végétale, et d'ailleurs la proportion qui reste, étant la même pour tous les essais, les relations sont suffisamment exactes.

TABLEAU.

NOMS des VARIÉTÉS.	TERRAIN HUMIDE.		TERRAIN TRÈS - HUMIDE.		TERRAIN SABLONNEUX.	
	EAU.	MATIÈRE solide.	EAU.	MATIÈRE solide.	EAU.	MATIÈRE solide.
Patraque blanche..	79 50	20 50	81 »	19 »	74 50	25 50
Patraque jaune.....	77 50	32 50	85 »	15 »	71 »	29 »
Hollande jaune.....	84 »	16 »	76 »	24 »	67 50	32 50
Hollande rouge.....	77 »	23 »	74 50	24 50	72 »	28 »
Violette..............	84 »	16 »	86 »	14 »	78 50	21 50
Rouge ronde.........	79 »	21 »	86 50	13 50	74 »	26 »
Vitelotte	82 »	18 »	87 »	13 »	79 50	20 50

On voit, en consultant les résultats consignés dans ce tableau, quelle est l'influence du sol, et quel est le choix qu'on doit faire lorsqu'on doit cultiver ces tubercules dans des terrains plus ou moins secs, plus ou moins humides.

Le mode de culture, en sillon creux et rayons élevés, permet à l'eau de s'égouter, et améliore les produits obtenus dans les terres humides (Voyez le § 3ᵉ relatif aux différents modes de culture).

Nous avons observé que la quantité d'eau qui existe dans les pommes de terre, au moment de la récolte, est plus grande que celle que l'on y rencontre quelques mois après; nous n'avons pas constaté si cette différence entre la proportion d'eau était causée par les réactions chimiques, ou si ce phénomène résultait d'une simple évaporation; nous nous proposons d'éclaircir ce fait qui n'est pas sans intérêt. La patraque blanche qui a servi au plant fait pour constater les quantités d'eau différentes dues à la culture des différens terrains, contenait au moment du semis, 73 p. 0/0 d'eau : elle a donné des produits contenant 74-50, 79 et 81.

La patraque jaune, qui contenait 70, a donné 71, 77-50 et 85.

La Hollande jaune, contenant 69, a donné 67-50, 76 et 84.

La Hollande rouge, contenant 71, a donné 72, 74, 77.

La Violette, 71, a donné 78, 84 et 86.

La ronde rouge, 82, a donné 71, 79, 86.

La vitelotte, 67-60, a donné 82 et 87.

On trouve, dans ces résultats, quelques nombres moindres que ceux indiquant la quantité d'eau contenue avant le semis: cette différence ne serait-elle pas due à ce que le terrain sur lequel le semis a été formé, était plus humide que la localité dans laquelle nous avons fait nos plantations?

PARAGRAPHE X.

De l'emploi des fanes vertes, comme fourrage. Ses mauvais effets, moyens de les prévenir.

M. Dubuc, pharmacien chimiste de Rouen, a remarqué que les fanes de *solanum tuberosum*, employées comme fourrage, et données vertes aux bestiaux, causent des accidents plus ou moins graves; il croit devoir les attribuer à un principe vireux contenu dans les solanées, principe qui y réside tout le temps de leur végétation; il conseille aux cultivateurs d'attendre que l'époque de la floraison soit passée avant de donner ces tiges, et mieux encore, en supposant même que la fleur de ces plantes ne soit pas encore passée, de les exposer au soleil pendant quelques jours, afin de faire volatiser le principe vireux qu'elles recèlent. Cette insolation produit aussi le bon effet de dessécher les fanes, et l'on sait que beaucoup de plantes, fraîchement coupées, déterminent des maladies chez les animaux, par la trop grande proportion d'eau qu'elles contiennent.

Il ne sera peut-être pas inutile de rappeler ici que les nourritures trop aqueuses perdent leur insalubrité, lorsque l'on y mêle une petite quantité de sel marin ; cette pratique, dont les bons effets sont constatés par une ancienne expérience, serait peut-être appliquée avec succès à l'emploi des fanes vertes ou légèrement desséchées.

PARAGRAPHE XI.

De l'incinération des fanes de pommes de terre pour en retirer la potasse.

On sait depuis long-temps que l'on peut tirer un parti avantageux des fanes de pommes de terre, en les incinérant pour en obtenir de la potasse. Plusieurs mémoires ont été publiés sur ce sujet, et quelques-uns ont avancé que cette incinération donnait des produits considérables ; on est allé jusqu'à conseiller de cultiver le *solanum tuberosum*, seulement pour en obtenir de la potasse. M. Vauquelin a reconnu que les résultats avantageux que l'on avait publiés, ne pouvaient pas être obtenus constamment ; mais, qu'au contraire, l'influence des saisons et des sols ne permettait souvent d'obtenir que des cendres peu riches en potasse ; enfin il a été démontré que les tiges de pommes de terre, brûlées à différentes époques de leur végétation, donnent des proportions différentes de carbonate de potasse. On a conseillé de faire plusieurs coupes des fanes de pommes de terre, et au moins deux, en assurant que le produit en tubercules n'en serait pas moindre ; que même il serait plus considérable, et que l'incinération des tiges donnerait au cultivateur, un grand bénéfice ; mais cette pratique a été reconnue vicieuse sous le rapport de la production des tubercules : il est bien démontré aujourd'hui qu'en diminuant l'alimentation que les feuilles fournissent à la plante, et qu'elles puisent dans l'air, on nuit au développement des tubercules.

Un Mémoire de M. Mollerat, publié cette année dans les

Annales de Chimie, présente des données numériques qui peuvent guider les cultivateurs sur le degré d'utilité de l'extraction de la potasse dans les diverses localités.

M. Mollerat a fait planter, dans un sol argilo-silicieux, riche d'alluvion et d'engrais, la pomme de terre dite *Patraque jaune*, une des espèces les plus productives, et l'a fait cultiver avec soin.

Voici le tableau des produits de fanage, de salin, de sous carbonate de potasse, à l'époque de chaque coupe, et enfin de tubercules recueillis à la maturité de la plante : le tout calculé sur l'examen réel de trente centiares de terre, et multiplié pour représenter le produit d'un hectare.

TABLEAU DES EXPÉRIENCES.

	FANAGE vert.	SALIN.	S. CARBON. de potasse.	TUBERCULES.	OBSERVATIONS.
	kil.	kil.	kil.	kil.	
1e Coupe immédiatement avant la floraison.	33,333	384	212	4,300	Fanage sec 0, 125 du vert.
2e Coupe immédiatement après la floraison.	33,333	311	190	16,330	Comme pour la première coupe.
3e Coupe un mois plus tard.	55,700	230	72	30,700	Plus de poids comparativement au fanage vert.
4e Coupe un mois plus tard.	22,300	205	60	41,700	Le fanage desséché sur pied, donne encore plus que le précédent comparé au fanage vert.

Les produits d'une cinquième coupe n'ont pas différé de ceux de la quatrième.

M. Mollerat n'a point examiné les sels qui accompagnent la potasse.

La plante, privée de fanage par la première et la deuxième coupe, a eu le temps de s'en couvrir un peu avant la maturité des tubercules.

D'après les expériences ci-dessus, il est évident qu'il n'y aurait pas avantage, comme revenu, à recueillir la potasse d'un champ de pommes de terre dans une simple récolte. Mais il serait possible d'y en trouver, en faisant deux récoltes de potasse, dans une année, sur le même sol. Pour cela il faudrait planter la pomme de terre de bonne heure; puis après la première coupe, qui doit précéder la floraison, il faudrait retourner la terre et faire une seconde plantation, qui aurait le temps de donner son fanage à l'état convenable avant la fin de saison; d'ailleurs il serait inutile, comme il l'a dit, de tenter d'obtenir une récolte de fanage plus abondante sur une tige qui aurait déjà été coupée.

M. Mollerat termine cette note sur la production de la pomme de terre, en disant qu'il a observé que les engrais animaux poussent la végétation de la plante davantage vers le fanage, et que le plâtre, mêlé dans le sol, fait produire plus de tubercules.

Quel que soit au reste le mode que l'on ait adopté pour la coupe des fanes, et l'époque à laquelle on soit disposé à les incinérer, la construction du fourneau et les procédés d'extraction du salin et de la potasse, seront les mêmes. Nous allons les décrire.

Le lessivage des cendres devant produire des solutions qu'il est nécessaire de concentrer, on doit se proposer d'employer les fanes elles-mêmes, comme combustible, pour faire évaporer ces eaux; le fourneau, que l'un de nous a fait construire pour brûler les tiges exprimées et sèches de l'*arundo-saccharifera*, décrit à l'article *Bagasse*, du dictionnaire Technologique, et employé aujourd'hui aux colonies, est très-convenable pour cet usage; la forme des chaudières seules doit être différente, parce qu'ici on est obligé de recueillir les sels au fur et à mesure qu'ils se précipitent.

Les figures 1 et 2, planche Ire, indiquent cette construction par une coupe verticale et une coupe horizontale, à la hauteur de la maçonnerie sur laquelle portent les chaudières: les mêmes lettres indiquent les mêmes choses dans les deux figures.

A. Maçonnerie en briques.

B. Regards ménagés pour enlever les cendres accumulées dans la conduite de la fumée, à l'aide d'un rable.

C. *D*. Ouvraux par lesquels la flamme sort du foyer.

E. Espace vide dans lequel les cendres emportées par le courant se déposent.

F. Cylindre creux en fonte qui sert de porte au foyer.

G. Grille et cendrier du foyer.

H. Cheminée dans laquelle se rendent les produits de la combustion.

K. Espace vide au bas de la cheminée, dans lequel les cendres entraînées par la combustion et celles que l'on tire par le regard peuvent s'accumuler; on les enlève à l'aide d'une porte K, pratiquée en cet endroit.

M. Première chaudière hémisphérique posée au-dessus du foyer, dans laquelle on termine le rapprochement du liquide.

N. Deuxième chaudière rectangulaire, à bords peu élevés, dans laquelle l'évaporation est commencée.

P. Sorte d'écumoire posée sur trois pieds, et suspendue à volonté au moyen des trois triangles R, d'une chaîne S, et d'une corde T, qui passent sur deux poulies.

P.' Même écumoire vue à vol d'oiseau.

V. Espace vide dans lequel on tient un approvisionnement de fanes.

Lorsque l'on veut commencer l'incinération des fanes sèches, on remplit les deux chaudières M et N avec de l'eau; puis, dès que l'on a une quantité de cendres suffisante, on commence leur lessivage; on met les solutions qu'il fournit dans les deux chaudières; là, elles se concentrent, et l'on ajoute de nouvelles solutions au fur et à mesure que l'évaporation a lieu. Une fois l'opération mise en train, elle continue de la manière suivante : on verse les solutions du lessivage dans la chaudière N; elles s'y échauffent et commencent à se rapprocher; on les soutire à l'aide d'une canelle O, pour alimenter l'évaporation dans la chaudière M; et lorsqu'après avoir rempli plusieurs fois celle-ci, elle contient, étant toute pleine, une solution assez concentrée pour former pellicule et laisser précipiter du sel, on abaisse dedans l'écumoire P; l'ébullition enlève le sel et le dépose continuellement dans cette écumoire; on la soulève de temps en temps, et l'on tire le sel dont elle est chargée à l'aide d'une pelle à main, puis on le met égoûter dans une trémie ou un panier.

Lorsque la chaudière est à moitié vide, on ôte l'écumoire; on la remplit et l'on attend que le rapprochement ait amené le liquide au point de précipiter du sel, la chaudière étant pleine, pour plonger de nouveau l'écumoire.

Les premiers sels précipités, et recueillis à l'aide de l'écumoire, contiennent peu de potasse; on peut même les débarrasser de la plus grande partie, en les lavant à courte eau. La liqueur de la chaudière devient au contraire de plus en plus riche en alcali, et donne moins de précipité; alors on cesse de se servir de l'écumoire, et l'on opère le rapprochement du liquide jusques à siccité, en ayant le soin de passer fréquemment un ringard aciéré dans le fond, pour empêcher qu'il ne s'y forme des croûtes adhérentes. On obtient ainsi un salin riche en alcali et propre à tous les usages de la potasse ducommerce.

Quant aux sels retirés à l'écumoire, ils se composent, pour

la plus grande partie, d'hydrochlorate et de sulfate de potasse, et peuvent être vendus aux salpêtriers ou aux fabricans de verre.

Il nous reste à parler maintenant du lessivage des cendres. Avant de les traiter, on doit les accumuler au sortir du cendrier, et les laisser séjourner en tas dans un encaissement en maçonnerie afin que la combustion des dernières parties carbonisées, puisse avoir lieu à l'aide de la température élevée que l'on conserve ainsi.

On délaye ensuite ces cendres dans l'eau, en une bouillie claire, et l'on jette ce mélange sur un filtre formé d'un paillasson ou d'un châssis tendu de toile claire, mis au fond d'un tonneau ou d'une caisse.

Les premières eaux qui s'écoulent de ce filtre sont les plus chargées; on arrose de temps à autre la superficie de la cendre mouillée, et l'on obtient des solutions de moins en moins fortes, jusqu'à ce que l'épuisement de la cendre soit presque complet, et que l'aréomètre plongé dans la solution filtrée n'y indique qu'une fraction de degré au-dessus de celui de l'eau pure.

On doit s'efforcer d'obtenir les solutions salines, aussi fortes que possible, pour les rapprocher; on y parvient, en établissant trois filtres, et réservant les solutions faibles de l'un d'eux pour délayer des cendres neuves et commencer le lessivage d'un autre filtre; de même que les salpétriers lessivent leurs terres, les savonniers et les fabricans de *sels de soude* épuisent les soudes brutes.

Les cendres épuisées forment un excellent amendement pour les terres trop fortes; on peut aussi les employer dans les verreries à bouteilles, en raison du carbonate et du sulfate de chaux qu'elles recèlent, et d'une petite quantité de sels à base de potasse qu'elles retiennent encore; mais il faut qu'un de ces établissemens soit à proximité du lieu où ce lessivage s'opère, car le peu de valeur des cendres lavées ne leur permettrait pas de supporter les frais d'un long transport.

PARAGRAPHE XII.

Des pommes de terre dont la maturation est restée incomplète. Propriétés malfaisantes qu'on leur attribue.

La famille des solanées comprend plusieurs plantes narcotiques et vénéneuses; cette observation fit craindre à beaucoup de personnes que les tubercules du *solanum tuberosum*, n'eussent quelqu'action délétère sur l'économie animale ; le préjugé s'en répandit, et peut être compté parmi les obstacles qui s'opposèrent aux progrès de la culture des pommes de terre en France. Des accidens, attribués inconsidérément à l'emploi de ces tubercules dans l'économie domestique, retardèrent le moment où ils devaient constituer l'aliment le plus précieux de la classe indigente, et augmenter la diversité des mets qu'enfante le luxe de nos tables. Cependant l'opinion publique fut éclairée par des essais nombreux, et par degrés, l'on a reconnu que toutes ces craintes, soutenues par des raisonnemens spécieux, étaient dénuées de fondement.

Il était plus difficile, sans doute, de démontrer à la multitude l'innocuité des tubercules qui n'ont pas encore atteint le dernier degré de maturation; car c'est un préjugé, encore accrédité aujourd'hui, que les pommes de terre, cueillies avant leur maturité, sont douées de propriétés malfaisantes. M. Bourgeois, dans un Mémoire qu'il publia sur ce sujet, cita trois faits, desquels il pensa devoir conclure que les pommes de terre, avant leur maturité, sont vénéneuses. Mais un grand nombre de faits positifs prouvent le contraire.

Pffaf de Niel et Viborg de Copenhague, ont observé que les pommes de terre contiennent les mêmes substances immédiates à toutes les périodes de leur végétation ; que les proportions seules entre ces principes, sont variables ; que le principe âcre (1), que l'on y trouve en très-faible quantité, est volatil ; qu'il est éliminé par la cuisson, et n'existe que dans l'enveloppe des tubercules ; que ce principe ne se rencontre pas en plus grande proportion dans les pommes de terre, avant leur maturité, que dans celle dont la maturation est complète. Outre les opérations analytiques d'où ces savans ont tiré les faits précédens, ils ont constaté par un usage prolongé, qu'ils ont fait eux-mêmes de tubercules arrachés avant l'époque de la maturation, que cet aliment n'avait aucune action délétère.

Des observations générales ont d'ailleurs confirmé tous ces résultats de faits pratiques : ne sait-on pas que les habitans de la campagne vont long-temps, avant la récolte, arracher des pommes de terre dont ils font leur principale nourriture? Les annales militaires offrent une foule d'exemples de détachemens, de garnisons, de corps d'armées même, nourris dans des circonstances difficiles, avec des pommes de terre arrachées à toutes les époques de leur végétation, et cependant aucun accident fâcheux n'est résulté de l'usage presqu'exclusif de ces tubercules.

Nous-mêmes, à plusieurs reprises, nous fîmes préparer et manger à sept ou huit personnes ensemble, des pommes de terre récoltées avant leur maturité, et ces essais, dans les mêmes circonstances que les observations rapportées par M. Bourgeois, n'ont jamais causé le moindre accident.

Au reste, et quoiqu'il paraisse parfaitement démontré que les tubercules arrachés avant le temps de la récolte ne sont nullement nuisibles, nous ne saurions trop recommander d'at-

(1) Les distillateurs d'eau-de-vie de fécule ont observé, dans les *petites eaux* qu'ils obtiennent à la fin de leurs distillations une huile essentielle qui était sans doute contenue dans les pommes de terre ; mais en proportion excessivement faible, et d'ailleurs on a observé des huiles semblables dans les eaux-de-vie de grains, de marcs, etc., et l'on n'aurait pas pu en conclure que la farine, le pain, les différens vins, etc., sont doués de propriétés delétères.

tendre, autant que possible, cette époque, et pour cela de se procurer des pommes de terre hâtives par les moyens indiqués plus haut, ou d'employer les procédés de conservation que nous donnerons plus loin. En effet, les pommes de terre mûres ont un goût plus agréable; elles sont plus nourrissantes, contiennent beaucoup plus de fécule, d'albumine, et moins d'eau.

PARAGRAPHE XIII.

Divers moyens de conservation des pommes de terre.

Le mode de conservation le plus généralement usité pour ces tubercules, consiste à les mettre à l'abri de la gelée dans des celliers ou des caves; ce moyen réussit assez bien lorsque les pommes de terre ne sont pas amoncelées en grandes masses : dans ce dernier cas, il est à craindre que quelques meurtrissures, ayant désorganisé plusieurs parties, développent une fermentation intestine, et que la chaleur produite, se conservant dans la masse, y cause une altération plus profonde. On évitera ce danger, en implantant dans le tas des bourrées de branchages secs, qui formeront des sortes de cheminées dans lesquels les gaz et l'air échauffés se dégageront aisément. Lorsque l'on pourra, sans qu'il en coûte, disposer de caves et de celliers assez spacieux, on fera bien de diviser toute la quantité récoltée en plusieurs tas, et de faire passer d'abord dans la consommation ceux qui présenteront plus de chances d'altération, soit d'après les circonstances de la récolte, soit par des causes imprévues.

On ne peut pas toujours se procurer des caves et des celliers, et lorsque l'on en a à sa disposition, il arrive souvent qu'on peut les employer, plus utilement encore, qu'à la conservation des pommes de terre. Un moyen qui a complètement réussi à l'un de nous, pour la conservation d'un approvisionnement assez considérable des betteraves d'une sucrerie, a été appliqué avec un égal succès à conserver des pommes de terre : il est à-la-fois d'une exécution facile, prompte et économique. Voici en quoi il consiste : dans la partie la plus élevée du champ, et autant que faire se peut, dans un terrain solide, on creuse une fosse rectangulaire de quatre pieds et demi de profondeur, de cinq pieds de largeur, et d'une longueur déterminée par la quantité de tubercules que l'on veut enfouir. La terre est relevée de chaque côté sur les bords. De cinq en cinq pieds on laisse un mur de séparation en terre ; on lui donne, suivant la solidite du sol, une épaisseur assez grande pour qu'il se soutienne spontanément.

Par ces dispositions, on a une suite de fosses de cinq pieds carrés sur 4 pieds 1/2 de profondeur; on en peut pratiquer une ou plusieurs rangées, suivant les dimensions du terrain et la quantité de tubercules à conserver ; on les emplit de pommes de terre jusqu'à la surface du sol, et même à quelques pouces au-dessus; on couvre le tout avec la terre extraite de la fosse, que l'on disposera en pente, de manière à ce que la couche soit épaisse de dix pouces au moins. Toutes les fosses sont successivement remplies et recouvertes de même ; la terre battue et élevée en monticule porte les eaux pluviales au-dehors du tas, empêche les atteintes de la gelée, enfin la température intérieure ne pouvant s'élever sensiblement, il ne s'établit pas de fermentation. Des rigoles creusées au bas des monticules, et d'autres embranchées perpendiculairement aux premières, dont la pente augmente en s'éloignant des fosses, conduisent les eaux à une distance de 7 ou 8 pieds.

Lorsque l'on veut employer les tubercules, ainsi mis en réserve, on entame une seule fosse à-la-fois, et les autres n'en souffrent aucunement.

Plusieurs autres moyens analogues à celui-ci ont été proposés ; nous citerons celui que M. Huzard a indiqué dans les Annales de l'Agriculture française (mai 1824). Il consiste à amonceler les pommes de terre en tas de forme conique, à les recouvrir de paille, puis relever par dessus la terre tout autour du tas; on forme en même temps au pied de la butte une rigole circulaire dans laquelle les eaux pluviales se rassemblent, et d'où on facilite leur écoulement par des tranchées, et dont la pente dirige l'eau au-dehors du tas.

Plusieurs modes de conservation ont été basés sur le peu d'altérabilité des substances végétales sèches.

M. Parmentier indique le procédé suivant : on met les tubercules dans une chaudière que l'on remplit d'eau; on porte ce liquide à l'ébullition; on se hâte de les peler en les retirant de la chaudière; on les coupe par tranches minces, on les étend sur des toiles ou des clayonnages d'osier, dans une étuve à courant d'air chaud, ou dans un four après la cuisson du pain; lorsque les tranches ont acquis le degré de siccité convenable, elles sont dures, demi-transparentes, leur goût n'est pas altéré, et elles sont susceptibles de se conserver fort long-temps dans un grenier ou tout autre endroit sec. On sent que ce moyen n'est guère à la portée que des gens de la campagne qui peuvent disposer d'un travail manuel peu dispendieux. Dans chaque famille on peut ainsi préparer une nourriture saine pour toute la mauvaise saison; mais pour des spéculations plus élevées, pour des approvisionnemens plus considérables, il faut des procédés plus manufacturiers; nous en indiquerons de ce genre dans l'un des paragraphes consacrés aux descriptions des préparations alimentaires.

Modification du procédé ci-dessus, par le même auteur. On réduit les tubercules en pulpe, à l'aide d'une râpe; on soumet cette pulpe à l'action graduée d'une presse; lorsque l'on a ainsi extrait la plus grande quantité possible de jus, on divise le marc en petits pains, et l'on expose ceux-ci dans un lieu bien aéré; on termine leur dessication à l'étuve et lorsqu'elle est complète, on les réduit en poudre dans un moulin. On obtient ainsi une farine susceptible de se conserver dans un lieu sec.

M. le comte de Lasteyrie a encore modifié, d'une autre manière, le procédé de Parmentier; il conseille de couper les tubercules par tranches peu épaisses; de les jeter dans l'eau, et de les y laisser macérer pendant 24 heures, en ayant soin de vider le liquide, et de renouveler l'eau deux fois pendant ce temps; on attend alors qu'un mouvement de fermentation ait déterminé une écume légère à monter à la surface, et qu'un goût légèrement aigre se soit manifesté; alors on change encore deux fois l'eau pendant 24 heures (1); on retire les tranches et on les fait égoutter dans des sacs, sous une presse; dès quelles ne laissent plus couler de liquide, on se hâte de les tirer des sacs et de les étendre dans un séchoir, pour enlever promptement le plus d'humidité possible; on peut achever la dessication, dans un four dont on a retiré le pain, ou dans une étuve à courant d'air. Enfin, aussitôt que la dessication est achevée, on porte les tranches de pommes de terre au moulin : elles s'y réduisent en farine avec la plus grande facilité. Cette farine, foulée dans des tonneaux très-secs et bien cerclés, se conserve pendant long-temps.

On doit à M. Bonnet une autre mode de conservation des pommes de terre; il consiste à enfermer ces tubercules dans un tonneau bien sec, défoncé préalablement, puis refoncé, avec autant de soin que s'il devait contenir un liquide; il suffit de garder les tonneaux, remplis de cette manière, dans un cellier ou une cave à l'abri de la gelée.

L'auteur a observé que la saveur des pommes de terre, ainsi privées du contact de l'air atmosphérique, devient plus sucrée; que les signes de végétation qu'elles auraient pu développer avant d'être enfermées, ne paraissent plus à la saison

(1) Pour faciliter ces manipulations, on adapte, au vase qui contient les pommes de terre, une canelle qu'il suffit d'ouvrir pour faire couler l'eau; cette canelle, étant placée à quelques lignes au-dessus du fond, permet de recueillir une petite quantité de fécule qui se dépose.

suivante ; qu'elles ne sont plus même susceptibles de servir à la reproduction, mais qu'elles sont fort convenables pour la nourriture de l'homme. Lorsqu'on a défoncé un tonneau pour faire un usage journalier des pommes de terre qu'il renferme, il faut avoir la précaution de recouvrir les tubercules d'un linge, et de charger celui-ci de 7 à 8 pouces de balle d'avoine, chaque fois que l'on a extrait des pommes de terre du tonneau, afin de continuer à les priver d'air et d'humidité le plus possible.

M. Brulard de Morlaix a reconnu qu'il est facile de conserver les pommes de terre, en les étendant sur l'aire d'un grenier: il recommande de laisser adhérente à ces tubercules la couche terreuse qu'elles apportent du champ, ayant remarqué que cette petite quantité de terre, forme, avec l'eau qui transpire lentement au travers des tubercules, une espèce d'enduit qui prévient la germination.

M. de Puymaurin a indiqué un moyen fort simple de conserver, dans les fermes, les pommes de terre à l'abri de la gelée ; il consiste à établir, sous l'auge des étables et des écuries, une cloison longitudinale, ce qui produit une sorte de caisse fort vaste, dans laquelle on jette un peu de paille, et que l'on remplit ensuite avec des pommes de terre. Enfin on couvre celles-ci de paille, et l'on ajuste une dernière planche qui défend l'accès de cette espèce de magasin.

On lit, dans un journal étranger, la description d'un procédé analogue à plusieurs de ceux que nous venons de rapporter ; il est employé depuis dix-huit ans en Livonie et en Courlande ; nous le relaterons succintement : les pommes de terre, soigneusement lavées, sont coupées en petits morceaux ; on les met tremper, pendant 24 heures, dans une faible lessive de cendres ; après cette macération, on les lave avec de l'eau fraîche, à plusieurs reprises, puis on les fait dessécher complètement à l'étuve. Au sortir de l'étuve, et avant qu'elles n'aient absorbé de l'humidité, on les réduit en poudre et on les passe au bluttoir, les grabots sont repassés une seconde fois au moulin(1), en sorte que l'on obtient trois produits qui, suivant M. Lampius, sont généralement dans les proportions relatives suivantes, en poids, sur trente parties :

1er Produit. Farine la plus fine et la plus blanche,	16	30
2me *Idem.* Farine plus grossière moins blanche,	10	
3me *Idem.* Son ou pellicules concassées....	3 75	
Perte..........................	25	

La farine obtenue la première, est très-convenable pour la confection des potages et de diverses préparations alimentaires ; mêlée avec un tiers de son volume de farine de froment, elle constitue un excellent pain ; la farine du deuxième produit forme une nourriture saine, mais plus grossière ; elle convient parfaitement pour alimenter les bestiaux. Le son, traité par les moyens que nous indiquons plus loin, peut être converti en alcool; il s'applique bien aussi à la nourriture des bestiaux.

Nous pourrions indiquer ici, comme des moyens de conservation, les procédés à l'aide desquels on transforme la pomme de terre en diverses variétés de pâtes sèches, en fécule pulvérulente, et même en sucre et en eau-de-vie; mais nous anticiperions sur les paragraphes suivans, dans lesquels nous avons classés, avec autant de méthode qu'en comportait le sujet, tous les moyens qui nous sont connus, de tirer un parti avantageux de ce précieux tubercule.

(1) Le moulin indiqué est en fonte; il se compose d'un boisseau et d'une noix canelés.

PARAGRAPHE XIV.

Emplois des pommes de terre gelées. Procédés pour en extraire une farine et de l'amidon. Plant de pommes de terre gelées. Moyen d'enlever aux pommes de terre le mauvais goût qu'elles contractent par la germination.

Il arrive souvent, dans la grande comme dans la petite culture, qu'on se laisse surprendre par les intempéries des saisons ; souvent aussi des magasins que l'on ne croyait pas accessibles à la gelée, l'étaient réellement, ou le sont devenus par suite de quelques négligences ; quelquefois enfin, les récoltes très-abondantes ne sont plus proportionnées aux dimensions des magasins du cultivateur ; il résulte de ces diverses causes, des quantités plus ou moins grandes de pommes de terre attaquées par la gelée ou germées. Pendant long-temps ces tubercules gâtés furent rejetés comme n'ayant aucune valeur, mais on a recherché plus tard les moyens d'en tirer parti. Nous citerons ceux qui sont parvenus à notre connaissance.

Le procédé qui nous a le mieux réussi à nous-mêmes, c'est de convertir en pulpe, à l'aide d'une râpe (voyez plus loin la fabrication de la fécule), tous les tubercules atteints de la gelée sans attendre le dégel, mais seulement après les avoir fait tremper dans l'eau froide quelques heures avant de les râper ; il s'opère alors un dégel partiel qui facilite l'action de la râpe, sans altérer les tubercules. On obtient ainsi tout autant de fécule que si l'on avait traité les pommes de terre avant la gelée ; et, en effet, ce n'est qu'après le dégel que la contexture de ces tubercules désorganisés a fait cesser toute force végétative, laissé les principes immédiats contenus dans le jus, réagir les uns sur les autres, et déterminé une *fermentation putride* comme dans toute matière azotée morte ; mais cette fermentation ne peut avoir lieu à la température de la glace, il faut donc la prévenir en travaillant les pommes de terre avant le dégel. Le moyen que nous venons d'indiquer n'est pas toujours praticable, soit qu'on ait été surpris par le dégel, soit que l'on n'ait pas eu à portée les ustensiles nécessaires pour l'extraction de la fécule. On pourra choisir, parmi les procédés suivans, celui que les circonstances permettront d'employer.

M. Clouet a reconnu, par l'expérience, que les pommes de terre gelées peuvent encore fournir de l'amidon; voici le moyen qu'il a employé pour l'extraire : on fait macérer les pommes de terre dans l'eau; on les écrase sous un pilon, puis on les abandonne à la putréfaction spontanée; lorsqu'elles ont été suffisamment amollies de cette manière, on les triture de nouveau, et l'on forme, avec la pâte ainsi préparée, des pains applatis que l'on expose au soleil : leur température s'y élève de 30 à 36 degrés, et la fécule amilacée se détache sous la forme de grains brillans et comme nacrés; on réduit le tout en poudre. L'amidon ainsi obtenu est d'une blancheur remarquable.

M Bertrand a indiqué un moyen facile de tirer parti des pommes de terre gelées, et même plus ou moins dégelées; il consiste à faire complètement dégeler ces tubercules, soit à l'air libre, lorsque la température de l'atmosphère le permet, soit dans un endroit échauffé; puis à les soumettre à l'action d'une forte presse, afin d'en séparer la partie liquéfiée de la portion solide. On recueille l'eau que la pression fait sortir; elle laisse déposer spontanément de la fécule que l'on sépare en décantant le liquide clair surnageant.

Le marc exprimé est étendu sur des claies, dans une étuve ou dans un four, après que le pain en a été retiré; lorsque la dessication est complète, on le réduit en poudre dans un moulin ordinaire; cette sorte de farine peut être mélangée dans la proportion d'un cinquième ou d'un quart avec la farine de froment.

M. Germain a remarqué que des pommes de terre gelées, abandonnées en couches minces en plein air, se sont desséchées lentement, sans éprouver une décomposition sensible; qu'elles ont acquis une grande dureté, et ont été réduites en une farine salubre.

M. Necker fit la même observation en 1821.

M. Benjamin Cadet, fils du savant agronome, M. Cadet de Vaux, essaya de faire servir à leur reproduction les pommes de terre atteintes de la gelée : à cet effet il les fit dégeler lentement dans l'eau froide; les porta au pressoir, pour extraire l'eau surabondante, et en fit un plant qu'il cultiva avec les soins ordinaires. Il obtint ainsi des pousses vigoureuses, et assure que le produit n'a pas été moindre que dans les plantations ordinaires; la seule différence qu'il observa c'est que le tubercule qui avait développé les plantes, communément dit la *mère*, était difficile à retrouver; on ne voyait, à sa place, qu'une pellicule mince qui, desséchée, pesait seulement deux ou trois grains. M. Cadet de Vaux a fait sentir de quelle utilité serait un pareil résultat, s'il était constaté par de nouveaux faits.

Moyens pour ôter le mauvais goût aux pommes de terre germées. On sait que les pommes de terre, dans leur germination, contractent un goût détestable, et qu'en cet état, elles rebutent même les bestiaux. On doit à M. Rigolay un procédé à l'aide duquel on peut rendre à ces tubercules leur saveur première : on les étend sur des claies, ou sur le sol d'un grenier aéré, en évitant, autant que cela est possible, qu'elles se touchent; on les laisse en cet état pendant 6 à 8 jours; au bout de ce temps, les germes sont desséchés, et les tubercules ont eux-mêmes perdu une partie de leur eau de végétation; on en met tremper dans l'eau froide la quantité qui doit être consommée; le lendemain, au bout de 12 à 18 heures, on trouve les pommes de terre, qui la veille étaient flétries, gonflées et ayant acquis presque le même volume qu'elles avaient au moment de l'arrachage. En cet état, soit qu'on les fasse cuire sous la cendre, dans l'eau, ou à la vapeur, avant de les assaisonner, elles fournissent un aliment sain et d'un goût agréable.

On a observé que les pommes de terre, récoltées dans une terre forte, sont peu savoureuses, et même contractent souvent à la cuisson un état pâteux, un goût désagréable. M. Rigolay indique un moyen simple de leur donner une saveur agréable; il consiste à couper les tubercules en deux parties, puis à les faire cuire en cet état sous la cendre; il paraît qu'une partie de l'eau de végétation se dissipe en vapeur, et qu'alors l'état pâteux et la saveur fade cessent de se produire.

PARAGRAPHE XV.

Consommation des pommes de terre dans diverses contrées et dans Paris.

Il résulte des documens publiés par M. le comte de Chabrol, dans ses Recherches statistiques sur la ville de Paris, que la consommation annuelle moyenne des pommes de terre, en 1820 et 1821, a été de 385,577 hectolitres récoltées dans le département de la Seine, sur une superficie de 1787 hectares de terrain; que le produit en nature, comparé à la semence, a été, dans le rapport, de 12,96 à 1, et qu'en portant le prix de l'hectolitre à 4 fr., la valeur totale s'est élevée à 1,541,508 f.. Ce produit paraîtra déja fort important, si l'on se rappelle que la culture du *solanum tuberosum* ne date que d'un petit nombre d'années, et que les emplois de ses tubercules, à peine connus et généralement encore mal appréciés, sont susceptibles d'une grande extension. Nous déduirons, des données ci-dessus, la preuve de ce que nous venons d'avancer : en effet, une seule application utile a déterminé la consommation de la plus grande partie des 385,377 hectolitres précités (c'est la fabrication de l'eau-de-vie de fécule); il a fallu, pour cette fabrication, environ 225,000 hectolitres de pommes de terre; si l'on déduit cette quantité de la consommation totale, il restera seulement 160,337 hectolitres qui auront été employés comme comestibles. Pour connaître dans quelle proportion ces tubercules ont fourni à la subsistance des habitans de Paris, nous le comparerons avec le pain consommé annuellement dans cette capitale.

160,337 hectolitres de pommes de terre, à 94 kilos chaque, pèsent 150,758 quintaux métriques, qui représentent environ le 5e de leur poids de substance nutritive égale à celle qu'offre le pain ou 30,150 quintaux; or, la consommation annuelle du pain dans Paris est d'environ 120,000,000 kilos; la nourriture prise en pommes de terre n'équivaut donc qu'aux 0,0251 ou un peu moins qu'à la quarantième partie de la nourriture fournie par le blé. Il conviendrait d'ajouter à la quantité ci-dessus indiquée des pommes de terre consommées dans Paris, les pommes de terre de variétés choisies, que l'on pourrait en quelque sorte considérer comme un aliment de luxe relativement à son prix élevé.

Suivant M. Chaptal (Chimie appliquée à l'Agriculture), on récolte en France, année moyenne, 19,800,741 hectolitres de pommes de terre, et l'on peut supposer que la proportion dans laquelle on consomme ces tubercules, ne diffère pas beaucoup, d'après nos habitudes actuelles, de celle que nous venons d'établir pour Paris.

On jugera de ce qu'il est possible de gagner sur cette consommation, en la comparant avec celles que l'on fait des mêmes tubercules, en Flandre et en Angleterre : on sait en effet que les fermiers flamands, et même la plus grande partie des habitans de la Flandre, font leur principale nourriture de la pomme de terre, pendant huit mois, et que dans le reste de l'année, ce tubercule fait partie de leurs alimens. Dans ce pays, de même que dans la plus grande partie de la Grande-Bretagne, les pommes de terre cuites à l'eau, à la vapeur, ou sous les cendres, suppléent, dans une grande proportion, à la consommation du pain. Si l'on se rappelle les avantages qu'offre la culture du *solanum tuberosum* sur celle du froment, relativement à la quantité de matière nutritive que fournit cette plante à surface égale, on appréciera facilement l'utilité d'étendre le plus possible ses emplois ; on reconnaîtra les puissantes ressources que donnent ces tubercules contre les disettes ; on sentira enfin toute l'importance de cette précieuse production, en songeant qu'elle peut assurer l'existence des individus accablés par la misère. Comment, en effet, des malheureux pourraient-ils aujourd'hui être exposés à mourir de faim, lorsqu'une valeur de quelques centimes leur procure un aliment salubre, qui suffit pour soutenir leur force pendant une journée.

PARAGRAPHE XII.

Préparations alimentaires de la pomme de terre.

Les applications nombreuses des tubercules du *solanum tuberosum*, dans l'art culinaire, sont assez généralement connues aujourd'hui, pour que nous puissions nous dispenser d'entrer dans les détails de ces procédés économiques; cependant nous rappellerons quelques données pratiques qui seront utiles à connaître pour faciliter toutes ces opérations.

CUISSON DES POMMES DE TERRE.

Rien n'est plus facile, ainsi que chacun le sait, de faire cuire des pommes de terre; on emploie cependant plusieurs méthodes qui donneraient toutes les mêmes résultats, si la composition de ces tubercules n'offrait pas de variation ; mais il n'en est pas ainsi : les pommes de terre venues dans des terrains humides, pendant une saison pluvieuse, contiennent quelquefois une si grande proportion d'eau, que celle-ci suffit pour réduire en pâte toute la fécule : on dit de ces pommes de terre qu'elles ne sont pas farineuses ; cuites à l'eau, leur consistance pâteuse les rend plus difficiles à pénétrer par l'assaisonnement que l'on y ajoute; elles conservent un goût fade. On reconnaîtra quelquefois aussi, surtout parmi celles dont la surface sous l'épiderme est colorée en rouge, dont les yeux sont fortement prononcés, des pommes de terre qui ont un goût âcre désagréable, dû à un principe volatil; dans ces deux cas, la vapeur fait perdre aux pommes de terre la plus grande partie de leur goût âcre, et l'on évite leur forme pâteuse, en les faisant cuire sans eau dans un vase fermé. La figure 6 de la planche 2 indique une sorte de marmite A, propre à cet usage; elle est en fonte peu épaisse, de forme elliptique ; son couvercle B de même matière, et que l'on appelle ordinairement une cloche, la recouvre en l'enveloppant sur toute sa hauteur ; et reposant sur un rebord C, la ferme presque hermétiquement. Lorsque la marmite est remplie de tubercules, on pose le couvercle, on amasse autour des cendres chaudes mêlées de braise incandescente ; la température s'élève graduellement dans l'intérieur de cette marmite, les pommes de terre perdent une partie de leur eau de végétation qui se réduit en vapeur, et entraîne l'huile essentielle qui causait le goût âcre ; la vapeur entretient une température uniforme dans toute la masse; la cuisson se fait très-également, et les pommes de terre devenues moins aqueuses ne sont pas réduites en pâte, et ont une saveur plus agréable.

Ce mode de cuisson, bien préférable surtout pour les tubercules de qualités inférieures, s'applique avec avantage aussi aux pommes de terre de bonne qualité; il produit enfin les bons effets de la cuisson sous la cendre des tubercules à nu, mais évite tout risque de les carboniser plus ou moins profondément.

Lorsque l'on ne peut pas disposer de la marmite à cloche, dont nous venons de décrire l'usage, on y supplée en partie avec une marmite ordinaire, au fond de laquelle on met un peu d'eau, et que l'on recouvre après l'avoir presque remplie de pommes de terre, avec son couvercle, renversé sens dessus dessous, et appuyé fortement sur un bourrelet de chiffon, à l'aide d'un poids ou d'un pavé; par cette disposition, la vapeur est suffisamment retenue pour élever la température de toute la masse au degré convenable; elle fait volatiliser une partie de l'eau de végétation et de la substance volatile âcre.

Enfin lorsque l'on fait cuire les pommes de terre à l'eau, dans des vases découverts ou mal fermés, il faut avoir le soin de plonger complètement les tubercules sous le liquide; car les portions qui en sortiraient seraient refroidies, mal cuites, ou lors même que leur cuisson aurait été complète, elles durciraient par la coagulation de la pâte amylacée.

De quelque manière que l'on ait fait cuire les pommes de terre, il faut éviter soigneusement qu'elles refroidissent, lorsque l'on se propose de les diviser et de les mélanger avec divers ingrédiens. Nous verrons plus loin comment on parvient à opérer en grand cette division, sans qu'il y ait le moindre abaissement de température. On pourrait appliquer au même usage de plus petits appareils semblables; mais, dans l'économie domestique, on se contente ordinairement de prendre dans la marmite et de broyer aussitôt les pommes de terre une à une, dans un mortier échauffé d'avance avec de l'eau bouillante, puis de forcer toute la pâte à passer au travers des trous d'une passoire.

PARAGRAPHE XVII.

Description des ustensiles nécessaires pour la préparation de la pâte, de la fécule, et des autres produits des pommes de terre.

On a suivi diverses méthodes pour réduire les pommes de terre en pâte ou en bouillie. D'abord on s'est contenté de les faire cuire dans l'eau bouillante, puis de les triturer à l'aide de pilons, dans des mortiers ou des auges en bois. Ce procédé grossier n'est plus employé aujourd'hui que dans l'économie domestique, pour de petites opérations.

On a substitué généralement à la cuisson dans l'eau, la cuisson à la vapeur. Ce dernier procédé offre sur l'autre des avantages très-marqués. Ce n'est pas, au reste, la cuisson des pommes de terre qui offre le plus de difficulté; en effet, la chaleur les pénètre aisément, et la température de l'eau bouillante suffit pour les gonfler, faire crever les pellicules faibles de leurs enveloppes, et les rendre très-faciles à écraser. Mais si on laisse la température s'abaisser, une portion de l'amidon dissous se prend en une sorte de gelée consistante, et réunit toutes les parties du tubercule en une masse dure, glissante, difficile à écraser. Il faut donc éviter, le plus possible, le refroidissement des pommes de terre cuites; pour y parvenir, on les jette dans une trémie d'où elles passent rapidement entre deux cylindres rapprochés, auxquels des roues d'engrenage communiquent des vitesses inégales, et dont les surfaces inférieures sont continuellement nétoyées par deux racloirs.

On n'obtient pas cependant de ces dispositions le meilleur effet possible : en effet, la pomme de terre, exposée à l'air par une assez grande surface, y perd une grande quantité de chaleur et se durcit; la pâte, qui tombe des cylindres, est plus encore exposée au refroidissement, et ne peut être complètement délayée dans l'eau que l'on y ajoute ; il nous semble que ces cylindres agiraient plus utilement renfermés au milieu d'une cuve parfaitement close, dans la partie supérieure de laquelle les pommes de terre seraient d'abord exposées à l'action de la vapeur un peu comprimée; dès que la cuisson serait portée au point convenable, on imprimerait le mouvement aux cylindres, et les tubercules, écrasés sans le moindre refroidissement, se délayeraient sans difficulté et d'une manière plus complète, dans la partie inférieure de la cuve où l'eau de condensation de la vapeur serait à un degré voisin de celui de l'ébullition.

Les effets de l'appareil, dont nous venons de donner une idée, n'étant pas assurés par l'expérience, nous n'entrerons pas dans de plus longs détails à son égard. Nous croyons devoir décrire ici une machine propre à atteindre le même but; elle nous a été communiquée par M. Schwartz, professeur de technologie suédois, qui a souvent été témoin de ses bons résultats dans la pratique en grand.

La figure 5 de la P. 1re représente une chaudière à vapeur, munie d'une soupape de sûreté A, d'un tube indicateur B, d'un entonnoir à robinet C, pour être remplie, et d'un ou plusieurs ajustages D à brides, pour émettre la vapeur. Un tuyau E F porte la vapeur dans un cylindre fermé, en bois épais, doublé de cuivre, F G. Ce cylindre, qui représente un tonneau debout, est séparé en deux par un diaphragme en fonte H I, perforé, comme une écumoire, de trous coniques. Un agitateur en fer K L, tourne à frottement dans une boîte d'étoupes (stuffen-box), adaptée au fond supérieur, et sur un pivot à sa partie inferieure qui porte un moulinet près du fond. Plus haut quatre ailes en fer, perforées de trous elliptiques N N, sont fortement fixées sur la tige de l'agitateur ; à quelques lignes au-dessus du diaphragme une manivelle O P, où un pignon Q, commandé par une roue d'engrenage R, permettent de faire tourner cet agitateur. On introduit les pommes de terre dans la partie supérieure du cylindre par une ouverture S; on n'emplit que les huit dixièmes de la capacité environ, afin de laisser de la place pour le gonflement; on referme l'ouverture au moyen d'une plaque serrée par des brides, et l'on introduit la vapeur dans le cylindre en ouvrant le robinet T. Une petite canelle G, placée au haut du cylindre, permet d'en laisser échapper l'air; on ouvre son robinet, et on ne le referme qu'après avoir laissé sortir une certaine quantité de vapeur, afin d'être assuré que tout l'air est expulsé. Une heure ou une heure et demie après que l'on a commencé à introduire la vapeur, suivant la masse à échauffer, les tubercules doivent être cuits; on s'en assure en essayant de faire tourner l'agitateur, qui ne doit pas éprouver une trop forte résistance; on continue à imprimer un mouvement de rotation, et au fur et mesure que les pommes de terre sont écrasées, elles passent au travers des trous du diaphragme, et tombent dans la partie inférieure du cylindre; là elles sont délayées par les quatre ailes fixées sur le prolongement de l'agitateur, et complètement réduites en bouillie. Lorsque toutes les pommes de terre ont été broyées de cette manière, on soutire la bouillie par une large vidange V, et l'on recommence une autre opération.

M. Schwartz nous a indiqué un ustensile que l'on préfère encore dans son pays à celui que nous venons de décrire; c'est un cylindre en bois épais, qui représente un tonneau couché, traversé par un axe, et tout hérissé à l'intérieur de pointes en fer (*Voy.* la fig. 1re, Pl. 2.); un des bouts de l'axe est creusé d'un trou cylindrique, dans lequel est adapté un tube garni extérieurement d'une boîte d'étoupes; ce tube sert à amener la vapeur dans l'intérieur du cylindre.

On emplit ce cylindre aux huit dixièmes de sa capacité, par une ouverture à bride, que l'on tourne vers la partie supérieure, et que l'on ferme ensuite. On introduit la vapeur, et lorsque la cuisson est complète, on fait tourner le cylindre sur son axe ; les tubercules, en tombant sur les pointes, se divisent ; et lorsqu'ils sont réduits en bouillie, on fait arriver l'ouverture à brides vers la partie inférieure ; on enlève la plaque qui la fermait, et la bouillie tombe dans une cuve disposée à cet effet; on imprime un mouvement de va-et-vient au cylindre, afin de faire sortir le plus possible de cette bouillie épaisse; on referme l'ouverture et l'on recommence l'opération.

On voit que par les dispositions ménagées dans les deux appareils que nous venons de décrire, on évite tout refroidissement des tubercules après leur cuisson, et qu'ils doivent, par conséquent, être très-facilement réduits en pâte et en bouillie.

L'extraction de la fécule de pommes de terre exige que ces tubercules soient divisés le plus possible, mais sans être chauffés, puisque la fécule doit être obtenue sans altération; on ne peut donc pas, dans ce cas, les amollir par la cuisson : il faut agir sur la pomme de terre crue, conservant toute sa dureté. Ce problême a beaucoup exercé le génie de nos mécaniciens : ils ont essayé de l'écraser sous des meules, entre des cylindres cannelés; sa contexture, ferme et élastique, la laissait céder, mais ne permettait pas qu'elle se déchirât suffisamment. On a renoncé à ces moyens pour diriger les recherches vers les instrumens tranchans : ces derniers ont eu des succès plus ou moins contestés. Nous ne nous arrêterons pas à les indiquer tous; il suffira que nous décrivions celui dont l'expérience a constaté les avantages et la supériorité. C'est une machine à laquelle le nom de son auteur est resté : on la nomme râpe de Burette.

La fig. 3, Pl. 2, indique la construction de cette râpe : on voit que toutes les parties du mécanisme sont disposées sur l'assise supérieure d'un bâtis solide en chêne A B C D. Un cylindre E, de deux pieds de diamètre et huit pouces de hauteur, plein, en pierre dure, traversé par un axe qui repose sur les deux côtés longs du bâtis, est garni sur toute sa circonférence de lames de scies de sept pouces de long, au nombre de cent vingt-huit, parallèles à l'axe, et séparées par des tasseaux en bois. Les lames et les tasseaux sont fortement fixés sur le cylindre, à l'aide de vis en fer qui sont entrées dans deux cercles en plomb, coulés dans des rainures de la pierre, et tout ce système est maintenu à l'aide de deux cercles de fer qui serrent chacune des extrémités des tasseaux et des lames. L'axe du cylindre porte, à l'un de ses bouts, un pignon en fer de seize dents, qui engrennent dans celles d'une roue pareillement en fer, entaillée de cent vingt dents; une manivelle, adaptée à chacune des extrémités de l'axe de cette roue, permet à deux hommes de mettre le cylindre en mouvement. On pourrait, dans un plus grand travail, faire mouvoir ces râpes à l'aide d'un manége tiré par des chevaux, ou même se procurer la force mécanique au moyen d'une machine à vapeur. Une sorte d'auge en bois F, inclinée, est placée sous le cylindre; elle reçoit la pulpe produite par la râpe, et par sa pente la conduit dans un baquet G ou tout autre récipient analogue. Sur la face antérieure du bâti, et près de la circonférence du cylindre, est ajusté un *volet* H en bois, mobile sur deux tourillons, et entaillé dans le bas, de manière à représenter en creux la forme du cylindre, et à toucher presque celui-ci par sa partie inférieure; il reçoit de l'axe du pignon, à l'aide d'un excentrique I et de contre-poids J, qui l'attirent par des cordes K, un mouvement de va-et-vient qui ouvre alternativement une plus grande entrée aux tubercules, et les presse contre le cylindre dévorateur.

L'écartement de ce volet est limité, et par suite l'ouverture qu'il offre aux pommes de terre, par une traverse en bois L, contre laquelle il peut s'appuyer dans son recul.

Toutes les parties de cette machine, qui surmontent le bâti, sont recouvertes d'une cage en planches minces M N O, vue en coupe dans la figure. Cette enveloppe, divisée en deux cases par des cloisons, forme, à l'arrière, une caisse M N P, dans laquelle on peut placer cinquante kilos de pommes de terre ; l'enfant, qui ordinairement sert la râpe, prend ces tubercules un à un pour les jeter dans l'ouverture N O, d'où ils tombent près du cylindre.

Cette râpe, mue par deux hommes, relayés par un troisième, peut réduire en pulpe de 2,500 à 3,000 kilos de pommes de terre en douze heures de travail; elle fait plus ou moins d'ouvrage, suivant que les pommes de terre venues dans un terrain plus ou moins humide, ou pendant une saison plus ou moins pluvieuse, offrent plus ou moins de dureté. Dans tous les cas, la pulpe qu'elle donne est toujours extrêmement fine, telle qu'il est à désirer de l'obtenir dans un travail en grand. Les réparations à faire à cette râpe sont très-faciles : elles se bornent en général au remplacement et à l'affûtage des lames dentées qui arment le cylindre, et l'on a remarqué que leur disposition rend ces réparations très-faciles.

PARAGRAPHE XVII.

Préparations alimentaires obtenues des pommes de terre cuites à la vapeur. Polenta, gruau, semoule, farine, terrouen.

Si la pomme de terre était d'une conservation aussi facile que le blé, l'orge, l'avoine et les autres céréales, sa culture beaucoup plus productive, ainsi que nous l'avons vu dans le paragraphe IV, la ferait préférer dans beaucoup de circonstances ; mais il n'en est pas ainsi : la grande proportion d'eau (de 70 à 80 centimètres) que ce tubercule contient, rend son volume trop considérable pour une égale quantité de matière nutritive, le dispose à la germination quelques mois après sa récolte, le soumet aux influences de la gelée, hâte souvent une fermentation qui amène sa pourriture. On a senti, dès long-temps, ces inconvéniens graves, qui arrêtaient le développement de la culture du *solanum tuberosum*. M. Cadet de Vaux, auquel l'économie domestique est redevable de tant d'ingénieux et d'utiles procédés, indique un moyen simple de conserver les pommes de terre, et de réduire des trois quarts, environ, leur volume. Il consiste à faire cuire ces tubercules, enlever leur pelure, les émietter et les faire dessécher à l'étuve. Ce procédé, qui donne de bons résultats, faciles à obtenir dans de petites manipulations, a paru plus difficile lorsque l'on a opéré sur des masses. La division et la dessication n'ayant été ni assez promptes, ni complètes, on a perdu d'assez grandes quantités de pommes de terre par une altération spontanée survenue pendant le cours de leur préparation.

M. Ternaux, dont les vues sont sans cesse dirigées vers des objets d'utilité publique, s'est occupé depuis plusieurs années de la dessication des pommes de terre et de la dessication en grand de plusieurs substances alimentaires qui peuvent être livrées à bas prix, et sont susceptibles de se conserver fort long-temps : nous décrirons les procédés que l'expérience lui a fait reconnaître préférables.

Les pommes de terre sont d'abord lavées à grande eau, soit en les agitant dans un baquet, et décantant le liquide, trouble à plusieurs reprises, soit en les enfermant dans un tonneau tournant sur son axe, à demi plein de pommes de terre et d'eau. Le mouvement de rotation que l'on imprime à ce tonneau, à l'aide d'une manivelle, occasionne un frottement de tous les tubercules les uns sur les autres; la terre adhérente à leur superficie s'en détache, on laisse écouler l'eau à plusieurs reprises, et, chaque fois, on en apporte de nouvelle jusqu'à ce que le liquide sorte sans être sensiblement trouble.

Les pommes de terre étant ainsi bien nétoyées, on les fait cuire à la vapeur, à l'aide d'un appareil semblable à celui que nous avons décrit dans le paragraphe précédent

(*V.* la fig. 3 P. 1re.) ; si ce n'est que l'agitateur peut être supprimé, si l'on veut éplucher les tubercules après leur coction, et que, dans le cas où on ne les éplucherait pas, on se contenterait de les diviser, en faisant mouvoir l'agitateur, après avoir extrait toute l'eau de condensation.

Épluchage. Cette opération se pratique à la main assez facilement ; la pellicule qui enveloppe les pommes de terre étant sans adhérence, dès que ces tubercules ont été exposés pendant environ trente minutes à la température de la vapeur, au fur et à mesure que l'épluchage se fait par trois ou quatre personnes, une autre écrase les pommes de terre, en les frappant légèrement avec une pelle, et les étend sur des nattes de laine, puis les expose à l'air libre, où elles subissent pendant douze heures un premier degré de dessication. On peut, ainsi que nous l'avons dit, éviter l'épluchage des pommes de terre, sans que la qualité des produits que l'on en obtient soit très-sensiblement inférieure ; mais leur nuance est plus foncée.

On passe ensuite la pâte de pommes de terre dans un *vermicelloire*, afin de la diviser plus également, et de multiplier les surfaces en contact avec l'air atmosphérique : on l'étend alors sur des châssis tendus de canevas.

On porte les châssis chargés d'une couche peu épaisse de cette pâte, légèrement posée, dans l'étuve ; des montans en bois, fixés verticalement, munis de tasseaux adaptés horizontalement, permettent de superposer à six pouces les uns des autres tous les châssis, en sorte que dans un espace limité de quatorze pieds de largeur, dix-huit de longueur, et huit de hauteur, on peut placer trois cents châssis, sur lesquels est étendu le produit de cinq setiers de pommes de terre.

La dessication de la pâte de pommes de terres est une des opérations les plus importantes de tout ce travail ; car la pâte, en l'état humide où elle est mise à l'étuve, se trouve dans les circonstances les plus capables de concourir aux réactions spontanées de ses principes. Il faut donc prendre toutes les mesures possibles pour s'opposer à cette fermentation, pendant laquelle la pâte contracte toujours un mauvais goût. Le moyen le plus sûr d'y parvenir, c'est de hâter la dessication, et, pour cela, d'élever la température de l'air jusqu'à 60 à 70°, et de l'entretenir à ce degré, malgré le renouvellement continuel qu'il éprouve. L'air chaud est envoyé, dans l'étuve de M. Ternaux, par un calorifère de Desarnod; et l'air, chargé d'eau après avoir circulé dans l'étuve, trouve des issues disposées autour des murs latéraux, près du carrelage.

M. Ternaux a observé que la disposition des trous qui donnent issue à l'air, chargé de vapeurs, a beaucoup d'influence sur la promptitude de la dessication et la qualité des produits : en effet, ces issues furent d'abord ouvertes à la partie supérieure de l'étuve. Il paraît qu'alors l'air échauffé s'y rendait directement par le plus court chemin, et en se mettant en contact avec une petite partie seulement de la surface de la pâte; maintenant lancé dans l'étuve par sa légèreté relative, puis chassé par celui que le même courant fait succéder, et forcé de redescendre pour aller prendre les issues ouvertes par le bas, il se met en contact avec une plus grande quantité de surface humide, et, par conséquent, se charge d'une plus forte proportion d'eau. En comparant dans les mêmes circonstances les deux dispositions des issues, M. Ternaux a obtenu, dans une série d'opérations, les résultats moyens suivans :

ISSUE DE L'AIR HUMIDE ET DES VAPEURS.	CHARBON DE TERRE CONSOMMÉ.	PATE DESSÉCHÉE.		
		1re qualité.	2e qualité.	Fermentée.
Par le haut,	450 kil.	144 kil. 750	65,170	39,040
Par le bas,	369	247 040	18,100	2,400

MM. Baillet, Bosc, Costaz, de Lasteyrie, chargés par la Société d'Encouragement de constater les résultats annoncés par M. Ternaux, ont en effet déclaré, dans leur rapport, que l'avantage en faveur des dernières dispositions adoptées était, 1° une économie d'un tiers environ sur le combustible; 2° une diminution de prix de moitié dans la durée de la dessication; 3° une certitude presque complète d'éviter les pertes résultant de la fermentation de la pâte dans l'étuve.

Lorsque la dessication de la pâte est terminée, on porte cette substance, dite *polenta*, au moulin; là, suivant qu'on la moud plus ou moins fin, et qu'on passe le produit dans des tamis ou bluttoirs, dont la toile est plus ou moins serrée, on obtient de la *farine*, de la *semoule* ou du *gruau*. M. Ternaux donne la préférence aux moulins de Dronsart, pour cette opération.

PARAGRAPHE XVIII.

Prix coûtant de la Polenta *convertie en* gruau *ou* farine *de pommes de terre, par les procédés ci-dessus décrits.*

Gruau ou farine de première qualité.

5 setiers de pommes de terre de 160 à 165 kil. chaque, à 3 fr.	15 f.	00 c.
120 kil. de houille, dont { 40 kil. pour la cuisson. / 80 pour la dessication. }	5	00
10 ouvrières pour l'épluchage	10	00
2 ouvriers	4	25
Menus frais	1	50
1/2 journée de mouture	1	50
	37	25
Intérêt du capital employé à 6 0/0	2	24
	39	49
1 jour 1/2 de loyer à 800 f. par an, 3 f. 28 c. } 8003 fr. 10 c. d'ustensiles, dont l'usure comptée à 16 0/0 par an, 5 26 }	8	54
Produit obtenu, 160 à 165 kil. de polenta coûtent.	48 f.	03 c.

Le kilo de polenta en vrac revient donc à...,	30 c.
Mais pour qu'il parvienne jusqu'au consommateur, il faut ajouter :	
1° Le bénéfice brut du fabricant, 60 0/0 du capital déboursé.	18
2° La remise accordée au marchand en commission du-croire, etc., sans avance de sa part, 25 pour cent.	12
Un kilo, formant 16 potages, revient au consommateur, à.	60 c.

Chaque potage revient donc à moins de 4 centimes, et, au plus, à 5 centimes, en portant la dose au dessus de la quantité suffisante pour un potage ordinaire.

Des potages ainsi préparés n'exigent que l'addition d'une quantité d'eau d'un demi-litre environ, et une ébullition d'un quart-d'heure, pour produire une nourriture saine, et, comme on le voit, fort économique ; on peut la rendre plus agréable en y ajoutant un peu de beurre, d'œufs, de légumes, de lait, de sucre ou de bouillon.

On n'a pas compté, dans le prix revenant de ces potages, les frais d'emballage ou de mise en paquets, les chances du crédit accordé aux marchands, et quelques autres frais généraux difficiles à estimer : on les a également négligés dans les comptes suivans :

Polenta ou gruau de deuxième qualité.

	f.	c.
5 setiers de pommes de terre, à 3 fr.	15 f.	00 c.
2 ouvriers pendant une journée.	2	00
2 ouvriers, *idem*.	4	25
120 kil. de charbon de terre	5	
1/2 journée de mouture.	1	50
Menus frais.	1	50
	29 f.	25 c.

Report	29 f.	25 c.
Intérêt du capital employé, à 6 pour cent. . . .	1	76
	31	01
1 jour 1/2 de loyer, à 800 fr. par an, 3 f. 33 c. — 8003 fr. 10 c. d'ustensiles, dont l'usure est calculée à raison de 16 pour cent de leur valeur. 5 34	8	67
Produit en polenta moulue, deuxième qualité, 200 kil. coûtent.	39	68

D'où on voit que le kilo de polenta avec pelures, revient en vrac, à 20

Ajoutant les frais pour parvenir à la consommation, savoir :

1° Bénéfice brut du fabricant, 50 0/0 du capital.	10
2° Bénéfice du marchand, du-croire, à 33 0/0....	10
Un kilo, formant environ 16 potages, revient à	40

Un potage ordinaire revient donc à 2 cent. 1/2 ou 3 centimes au plus.

Les potages, préparés de cette manière, sont aussi nourrissans, à quelques centièmes près, que ceux dans lesquels entre la polenta exempte de pelure; leur goût seulement est moins *fin*. On peut leur communiquer une saveur agréable par l'addition d'un huitième de leur poids de farine d'avoine grillée, connue en Suisse, sous le nom d'*Abermuss*.

Il est sans doute inutile de rappeler que les prix revenant, fixés ici, sont relatifs à la localité, et qu'ils éprouveraient quelque variation dans des localités différentes. Chacun, au reste, pourra faire les corrections que le cours des matières premières, du combustible, de la main-d'œuvre, etc., nécessiteront.

On peut remarquer que l'épluchage des pommes de terre

diminue de dix-huit à vingt centièmes le produit obtenu, et augmente le prix coûtant de moitié, quoique la pellicule qui enveloppe la pomme de terre ne forme que la centième partie du poids des tubercules et trois ou quatre centièmes du produit sec : on ne s'en étonnera pas toutefois si l'on réfléchit qu'en séparant la pelure, on ne peut éviter d'enlever aussi une certaine quantité de la chair, et que le temps employé à cette opération augmente les frais de main-d'œuvre.

PARAGRAPHE XIX.

Fabrication du TEROUEN, *et prix coûtant de cette substance alimentaire.*

Le nom de *terouen*, donné à une matière nutritive, dont la pâte de pomme de terre desséchée forme la base, tire son origine récente des noms Ternaux et Saint-Ouen. C'est, en effet, à Saint-Ouen que sa préparation s'est d'abord faite, par les soins de M. Ternaux.

On fabrique le terouen, en préparant d'abord de la gélatine extraite des os par la marmite de Papin; il suffit, pour cette préparation préliminaire, de soumettre dans une chaudière fermée, semblable à la chaudière à vapeur décrite paragraphe XVI, des os à l'action de l'eau chauffée sous la pression de trois atmosphères. En employant des os minces, tels que les déchets des moules de boutons, les têtes de bœuf décharnées, etc., l'extraction d'environ douze centièmes de leur poids, en gélatine sèche, est opérée dans cette chaudière au bout de trente à quarante minutes; on retire alors le feu, on décharge graduellement la soupape, afin que la vapeur comprimée s'échappe et contribue au refroidissement; on soutire tout le liquide à clair, on le passe dans une chausse, et on lave le marc d'os cuits, avec une quantité d'eau qui sert, au lieu d'eau pure, pour une autre opération.

Le liquide, soutiré le premier, est rapproché en consistance sirupeuse, en l'agitant constamment, pour éviter que quelques parties s'attachent et fassent caraméliser. Lorsqu'il est ainsi réduit, il est prêt à être employé.

On peut éviter la peine de confectionner soi-même la gélatine, en achetant celle que l'on trouve toute préparée dans le commerce, et s'assurant de sa bonne qualité : elle doit être presqu'insipide lorsqu'on la fait détremper dans l'eau, et surtout exempte de mauvais goût; il faut qu'elle soit en outre privée de tout excès d'acide et d'alcali. On remplace par douze kilogrammes de cette gélatine sèche cent kilogrammes d'os; pour s'en servir, on doit la faire détremper pendant trois ou quatre heures dans l'eau froide, et la faire fondre en portant la température à l'ébullition.

De quelque manière que l'on ait préparé le sirop gélatineux, on l'incorpore avec la polenta moulue, après avoir délayé dedans du sel, du pain de viande de l'Ukraine, des carottes, des panais cuits et des clous de gérofle. On étend la pâte, qui résulte de tout ce mélange, sur les châssis garnis de canevas; on porte ceux-ci à l'étuve, où la dessication est bientôt opérée; on obtient ainsi une sorte de potage au gras desséché, d'une conservation facile, et que l'on prépare en tous lieux, en le faisant bouillir pendant quinze minutes, dans un demi-litre d'eau pour chaque ration, et dont on rend la saveur très-agréable, en y ajoutant la cinquième partie d'un litre de bouillon frais. Voici le compte du prix auquel revient le terouen fabriqué :

100 kilos d'os représentés par vingt paires d'os de pied de bœuf (1). 30 f. 00 c.

1 kil. 5 hectog. de pain de viande de l'Ukraine. 6 00

---

(1) La compacité et l'épaisseur forte de ces os, et leur prix élevé, doit leur faire préférer ceux que nous avons indiqués plus haut dans ce paragraphe.

	f.	c.
Report.	38 f.	00 c.
Légumes.	6	00
60 kil. de houille, pour la dessication et la cuisson.	2	50
10 kil. de sel gris.	4	50
Deux journées d'ouvrier.	4	50
Quatre journées de femme.	4	00
Menus frais.	1	50
	61	00
Intérêt du capital employé.	3	66
	64	66
Loyer deux jours, à 80 fr. par an, 4 f. 40 c. Ustensiles 633 fr. 85 c., dont l'usure calculée à 16 par 100, ... 56 c. ..	4	96
	69	62
D'où il faut déduire 5 kil. d'huile extraite des os de pied de bœuf, à 2 fr.	10	00
	59	62
Polenta 110 kil., à 30 centimes.	33	00
Le produit est de 139 kilos de terouen, coûtant..	92	62

Le kilo de terouen revient donc en vrac, à.	0 f. 66 c.,5
Bénéfice brut du fabricant, 85 pour 100 du capital.	55,1
Commission du croire, etc., du marchand..	30,4
Un kilo ou 16 potages, coûtent au consommateur.	1 52

D'où l'on voit, qu'un potage de gruau, coûte un peu moins que 10 centimes.

PARAGRAPHE XX.

Fabrication d'une polenta allemande.

M. Schoenherr, de Dresde, a indiqué la composition d'une sorte de polenta analogue au terouen. Voici comment on la prépare.

Après avoir fait cuire à la vapeur des pommes de terre, et les avoir desséchées et moulues par un procédé analogue à celui que nous avons décrit, on en pèse trois cents livres, auxquelles on ajoute 120 litres de farine de pois, 100 livres de farine d'orge germé (drèche des brasseurs), 45 litres de sel marin, 82 livres et demie de graines de cumin, trois quarts de livre de gingembre pilé (1). On forme de tout ce mélange une pâte homogène en y incorporant 145 livres de gelée de pieds de veau (2). Enfin on fait dessécher cette pâte en l'étendant sur des châssis garnis de canevas, et rangée dans une étuve analogue à celle que nous avons décrite dans le paragraphe XVIII; on la passe ensuite au moulin pour la réduire en une farine grossière.

La polenta de M. Schoenherr revient, en Allemagne, à soixante centimes le kilogramme; elle forme une nourriture très-saine et peut se conserver plusieurs années dans des endroits secs ou dans des tonneaux bien fermés; on en prépare un potage, à peu de frais, en la délayant dans cinq fois son poids d'eau, et portant à l'ébullition, que l'on soutient pendant quelques minutes seulement.

---

(1) Ces épices qui conviennent aux Allemands ne seraient probablement pas du goût des Français : on ferait donc bien de les supprimer si l'on usait de cette préparation en France.

(2) Cette gelée peut être remplacée par toute autre solution de gélatine, convenablement préparée. *Voyez* le paragraphe précédent.

PARAGRAPHE XXI.

Emplois de la farine de la semoule et du gruau de pommes de terre.

Nous avons vu, plus haut, que la mouture de la pomme de terre, séparée à l'aide de tamis de plusieurs grosseurs, donnait les trois produits ci-dessus. Nous citerons quelques-uns de leurs usages multipliés dans l'économie domestique; on devinera facilement tous ceux que nous ne pourrions énumérer ici.

Ce n'est pas seulement à la classe peu aisée que la pomme de terre, desséchée avec toute sa substance nutritive, offrira des ressources; elle recevra dans l'art culinaire une foule d'applications qui contribueront à augmenter la diversité des mêts et à modifier le goût des préparations connues. Déjà nos habiles cuisiniers ont trouvé moyen d'apprêter des potages savoureux, des entremêts délicats, des pâtisseries fines, avec les tubercules des variétés choisies; il ne leur sera pas plus difficile de faire servir au luxe de nos tables les produits de la pomme de terre desséchée.

La farine, sans aucune précaution particulière, modifiera agréablement le goût des diverses sauces dans lesquelles on emploie la farine de froment; seule ou mélangée avec cette dernière, elle entrera dans la composition des pâtisseries compactes et légères; elle rendra plus nutritives, et en même temps plus faciles à digérer, les purées de diverses légumineuses et les potages auxquels on les ajoute.

Légèrement torréfiée au four, cette farine acquiert la saveur agréable que l'on reconnaît aux pommes de terre cuites sous la cendre, et prend une couleur dorée qui plaît à l'œil. En cet état, elle devient précieuse aux mères et aux nourrices pour préparer, en quelques minutes, une bouillie nourrissante et légère que l'on n'a pas la crainte de faire *trop peu cuire*, puisque la substance savoureuse que l'on emploie a déjà subi une cuisson convenable. Dans une foule d'autres circonstances où il importe de préparer promptement des alimens sains, on reconnaîtra toute l'utilité de cette farine cuite à l'avance.

Délayée simplement dans du bouillon ou du lait bouilli, puis chauffée à l'ébullition, elle forme un potage nourrissant ou une bouillie qu'une petite quantité de sucre rend savoureuse. Mélangée en diverses proportions avec le lait, des œufs, du sucre, elle varie les délicats entremêts désignés sous les noms de crême, tôt-faits, omelettes soufflées, etc.

M. Cadet-de-Vaux eut l'idée d'incorporer la farine de polenta dans le chocolat, afin de rendre celui-ci plus facile à digérer et plus nourrissant; il trouvait encore à cette addition l'avantage de diminuer le prix du chocolat; et, en effet, la polenta, mélangée dans la proportion d'un quart ou d'un huitième, et coûtant au plus le douzième du prix du chocolat, diminue d'un tiers ou d'un sixième la valeur du composé. Ce mélange offre enfin l'avantage de devenir plus épais avec la même quantité d'eau, et, par conséquent, de permettre d'en employer une moindre proportion.

La farine de pommes de terre remplace avec des avantages marqués, surtout dans les années abondantes en ce tubercule, une partie de la farine de froment dans la préparation du pain. Dans cette application on ne saurait cependant exclure la totalité ni même plus du quart ou du tiers de la farine de blé, sans rendre le pain plus compact. En effet, le gluten qui manque dans la pomme de terre détermine la formation d'une multitude de cellules dans le pain de froment, en engageant dans la pâte une partie des gaz que la fermentation fait dégager.

La semoule grillée, outre les usages ci-dessus détaillés, à la plupart desquels elle s'applique comme la farine, sert encore à remplacer la chapelure de pain dans tous ses usages; elle a plus de goût et conserve mieux la fermeté de l'enveloppe croquante qu'elle forme autour de divers mêts, tels, par exem-

5.

ple, que ceux connus sous les noms de côtelettes, mouton braisé, filets en caisses ou au gratin; poulets, pigeons, anguilles à la tartare; pieds de cochon aux truffes, à la Sainte-Ménéhould, etc.

Ainsi dans l'économie domestique, dans l'art culinaire, au milieu des camps, dans les campagnes, où bien des ressources manquent, pendant les voyages, etc., on appréciera toute l'utilité de ces préparations sèches, faciles à conserver et à convertir en alimens sains, avec économie de temps et de combustible. On reconnaîtra sans peine que la dessication des pommes de terre offrant le seul moyen de conserver la substance nutritive tout entière de ces tubercules, est indispensable pour faire venir les années abondantes au secours des années peu productives, et nous garantir à jamais des funestes conséquences des disettes.

PARAGRAPHE XXII.

Emplois directs de la pomme de terre dans l'économie domestique et dans la préparation du pain.

La plupart des usages des tubercules dans les préparations culinaires, sont tellement connus aujourd'hui, qu'il serait à peu près superflu de les rappeler ici. Nous nous proposons d'insister seulement sur des applications économiques de la plus haute importance, relatives à la nourriture des classes peu fortunées.

Préparation du pain avec les pommes de terre. On peut employer les tubercules sans les réduire en farine pour faire le pain. Voici le procédé que M. Fischer, membre de la société d'agriculture de Moscou, a indiqué. Les expériences que l'on a répétées, en suivant sa méthode, ayant eu un succès complet, nous croyons devoir le rapporter ici : on forme de la pâte avec de la farine de froment, et l'on y ajoute les doses ordinaires de levain ; le lendemain on fait cuire des pommes de terre, on enlève leur pellicule ; et tandis qu'elles sont encore chaudes, on les divise le plus possible à l'aide d'une râpe en tôle et d'un rouleau ; on les pétrit alors avec de la farine, deux fois leur poids environ; on y ajoute le levain préparé la veille; on laisse *lever* en favorisant la fermentation par une température douce, puis on divise en pains de la dimension voulue; on laisse encore un mouvement de fermentation se rétablir, puis on enfourne.

En l'an 3 de la république, on a publié en France, par ordre supérieur, un procédé analogue à celui-ci, dans lequel on prescrivait l'addition de la farine d'orge; mais cette modification ne peut être utile que lorsqu'elle est commandée par les circonstances.

Pour préparer en grand le pain, par l'un des procédés ci-dessus décrits, on trouverait beaucoup d'avantage à se servir des ustensiles que nous avons décrits dans le paragraphe XVI, à l'aide desquels on réduit, sans beaucoup de main-d'œuvre, les tubercules en une bouillie homogène.

Des essais faits en Suède, ont démontré que l'on peut incorporer avantageusement la pomme de terre dans la pâte à faire le pain, en réduisant ces tubercules crus en pulpe fine, à l'aide d'une râpe, ajoutant la pulpe à la farine, et pétrissant le tout avec la quantité d'eau nécessaire pour donner à la pâte la consistance convenable.

Un moyen fort simple de remplacer la farine de froment par les pommes de terre, consiste à faire cuire les tubercules au moment d'en faire usage; on les mange en guise de pain, sans autre addition qu'un peu de sel : on ne saurait mettre en doute les avantages de cette méthode, puisque déjà elle est suivie dans plusieurs contrées, non-seulement par les gens peu fortunés, mais encore chez les gens riches, qui, par goût, préfèrent les pommes de terre cuites à l'eau, sous la cendre ou à la vapeur, au pain de froment; on remplace ainsi une grande partie de celui-ci. C'est en Flandre et en Angleterre que cette coutume est le plus répandue. On doit choisir pour cet usage les pommes de terre des meilleures variétés, telles, par exemple, que la patraque jaune, les vitelottes jaunes et rouges, la hollande jaune, etc. On doit surtout préférer celles qui sont venues dans un terrain sableux, et sont le moins aqueuses.

PARAGRAPHE XXIII.

Mélange économique des pommes de terre dans le beurre, le fromage; moyens de falsifier les graisses en Angleterre.

En Allemagne, les gens de la classe ouvrière trouvent moyen d'économiser le beurre qu'ils mangent sur le pain, et de rendre cet aliment plus nutritif, en y incorporant une certaine quantité de pommes de terre. Leur procédé consiste à faire cuire ces tubercules à la vapeur (*Voy.* paragraphes XVI et XVII), les éplucher, les réduire en pâte homogène, à l'aide du pilon ou d'un rouleau; les délayer dans la crême destinée à faire le beurre, et battre ce mélange dans une baratte, à la manière accoutumée. Le beurre se rassemble, et on le lave, en le pétrissant dans l'eau, comme à l'ordinaire; puis on le sale pour le conserver.

L'addition de la pomme de terre dans le fromage rend cette substance plus nutritive et d'une digestion plus facile; elle est usitée en Saxe, où on l'opère de la manière suivante: lorsque le lait est pris en caillé, et que celui-ci s'est égoutté pendant quelques heures, on épluche des pommes de terre bien cuites, on les divise le plus possible en les pilant dans une passoire en cuivre, et les forçant à passer au travers des trous, et l'on pétrit la pâte de terre, ainsi préparée, avec le caillé; lorsque le mélange est bien intime, on laisse reposer pendant deux ou trois jours; alors on pétrit de nouveau toute la masse, et l'on met dans les formes ordinaires la pâte homogène qui en résulte.

Ces préparations, vraiment utiles et économiques, ont donné l'idée d'une fraude qui se pratique, surtout en Angleterre : elle consiste à introduire, par les moyens ci-dessus indiqués, la pâte de pommes de terre cuite dans les graisses destinées à la fabrication du savon ; et ce sont particulièrement les graisses que les fabricans font recueillir dans les grandes cuisines, qui sont ainsi falsifiées. Ce mélange frauduleux cause un grand préjudice dans la fabrication du savon ; car non-seulement tout le poids des pommes de terre est payé en pure perte, mais encore la présence de cette matière étrangère rend les solutions alcalines visqueuses, et oblige d'employer une plus forte dose de soude ou de potasse. On a quelquefois falsifié de cette manière, en France, la graisse extraite des os. Au reste, pour peu que l'on ait quelque défiance de cette supercherie, il est facile de la découvrir ; il suffit, en effet, de maintenir, dans un vase un peu profond, de la graisse à essayer liquéfiée, pendant deux heures environ, à l'aide de la chaleur d'un bain-marie : la pomme de terre se dépose pour la plus grande partie, et, après le refroidissement, forme une couche distincte au fond du vase.

On peut encore découvrir la fraude d'une autre manière : on fait bouillir, pendant un quart d'heure, la graisse dans dix fois son poids d'eau ; la plus grande partie de la substance étrangère se dissout ou se dépose ; après le refroidissement, on enlève la graisse à la superficie du liquide, au moyen d'une écumoire ; on la fait chauffer seule pour chasser l'eau qu'elle retient ; on la laisse refroidir et on la pèse : on obtient ainsi le poids de la graisse réelle qui était contenue dans le mélange essayé.

PARAGRAPHE XXIV.

Préparation d'une colle de pâte avec les pommes de terre.

Plusieurs personnes ont proposé d'employer les pommes de terre pour préparer une colle de pâte à meilleur marché que celle que l'on obtient ordinairement avec la farine de froment. M. Cadet-de-Vaux paraît être l'un des premiers qui ait eu cette idée.

M. Charles Drury a indiqué, en 1813, le procédé suivant: on nétoie les pommes de terre, en les lavant avec beaucoup de soin, sans les peler; on les réduit en pulpe fine, à l'aide d'une râpe formée d'une feuille de tôle perforée de trous et tournée en demi-cylindre, les bavures en dehors; on délaye une livre de cette pulpe dans deux litres et demi d'eau, et l'on porte le mélange à l'ébullition, que l'on soutient pendant quelques minutes seulement, sans cesser d'agiter la masse, afin d'éviter que quelques parties s'attachent.

On retire du feu, et l'on ajoute une demi-once d'alun réduit en poudre fine, que l'on mêle bien exactement en le délayant d'abord dans une petite quantité du liquide. Un boisseau de pommes de terre, traitées de cette manière, produit environ 150 livres de colle. On voit qu'elle coûte bien moins cher que celle de farine; l'auteur assure qu'elle est tout aussi bonne, exempte de mauvaise odeur, susceptible de se conserver, exposée à l'air pendant dix à douze jours, sans éprouver d'altération sensible. Cette colle peut être employée utilement par les cartonniers, les relieurs, les papetiers, etc.

En supprimant l'addition d'alun, et ajoutant dans la colle, préparée du reste comme ci-dessus, trois ou quatre centièmes de muriate e chaux, on préparerait un *parou* propre à l'encollage de la chaîne des toiles communes, et dont le sel déliquescent empêcherait la dessication des fils. Nous indiquerons plus loin une sorte d'encollage incolore préparé avec la fécule de pommes de terre, et susceptible d'être appliqué, avec avantage, par les tisserands, à la confection des toiles blanches.

PARAGRAPHE XXV.

Fabrication du vermicelle et du riz de pommes de terre.

M. *Grenet* paraît être le premier qui ait eu l'idée de mettre la pomme de terre sous une forme analogue à celle du vermicelle et du riz. Voici en quoi consiste le procédé, à l'aide duquel on peut obtenir ces préparations :

On fait cuire les tubercules à la vapeur, de la même manière que pour préparer la polenta (*V.* les paragraphes XVI et XVII) ; on les épluche soigneusement; on les place dans des pots que l'on porte aussitôt au four; on les écrase alors à l'aide d'un rouleau ou d'une passoire et d'un pilon; on les étend sur des châssis tendus de canevas, dans une étuve, afin de leur enlever l'excès d'eau qu'elles retiennent; on introduit alors successivement toute cette pâte dans un cylindre creux, en tôle ou en cuivre A, perforé de trous à sa base et dans toutes ses parois, terminé en entonnoir, et soutenu, à sa base supérieure, par une rondelle appuyée elle-même sur un trépied (*Voy.* la fig. 4 de la pl. 5). Un lévier B, articulant à l'aide d'un tourillon C, à scellement dans le mur, permet de comprimer fortement la pâte par un cylindre plein en bois D; celle-ci s'échappe alors en se moulant en fils au travers des trous du cylindre; elle est ainsi reçue dans des caisses plates en fer-blanc; on étale le vermicelle dans ces caisses à l'aide d'une baguette, et on les porte, au fur et à mesure qu'elles sont chargées, dans un four dont on vient de retirer le pain, ou mieux encore, dans une étuve disposée comme celle que nous avons décrite paragraphe XVII ; on laisse ce vermicelle se dessécher, au point d'être cassant, dur et sonore ; il suffit alors de l'enfermer dans des sacs ou des caisses, et de le tenir dans un endroit sec pour s'en servir au besoin.

Il est facile de convertir ce vermicelle en une sorte de riz d'un grain égal; il suffit, pour cela, de le concasser à l'aide d'un rouleau, après l'avoir étendu sur une table, et de le passer dans un crible fin qui sépare tout le menu, que l'on peut considérer comme une sorte de semoule ; puis ensuite dans un crible plus gros, qui retient les plus gros fragmens : ceux-ci doivent être mêlés avec d'autre vermicelle, pour être concassés de nouveau; en ajoutant à la pâte une teinture de safran, on donnera la couleur et le goût du *vermicelle jaune.*

On doit, autant que possible, choisir les meilleures espèces de pommes de terre pour la préparation du vermicelle et du riz, afin que la saveur particulière de ces produits, employés dans la confection des potages, soit aussi agréable que celle des pâtes du commerce ; on voit que par ce moyen on pourrait, dans l'intérieur d'un ménage, préparer des pâtes très-salubres et économiques pour la consommation journalière.

Si l'on voulait donner au vermicelle de pommes de terre toute la tenacité et l'apparence du vermicelle ordinaire, il faudrait ajouter une assez grande quantité de belle farine de froment, de celui de Taganrock, par exemple, qui contient une grande proportion du gluten, capable de donner le *liant* qui manque à la pâte de pommes de terre ; on devrait, de plus, beaucoup travailler la pâte, et suivre, du reste, les procédés habituellement employés dans cette fabrication.

PARAGRAPHE XXVI.

Application de la pomme de terre à la nourriture des chevaux.

M. Ribeck de Lindow a donné des détails fort étendus sur les moyens de faire servir la pomme de terre à la nourriture des chevaux. Nous extrayons de cet important travail tous les documens qu'il peut être utile de mettre sous les yeux des agriculteurs, des entrepreneurs de roulage, et de toutes les personnes qui ont un certain nombre de chevaux de traits ou de luxe à nourrir.

La pomme de terre ne doit pas être donnée crue aux chevaux ; en cet état, elle est moins nourrissante, ils la mangent plus difficilement ; elle leur irrite le tube intestinal, et des accidens, plus ou moins graves, pourraient en résulter.

Les pommes de terre cuites, et surtout au moyen de la vapeur, comme nous l'avons indiqué dans le paragraphe XVI, ont paru de beaucoup préférables : il est d'ailleurs plus facile et plus économique de les préparer ainsi.

Lorsque ces tubercules ont été amenés au degré de cuisson convenable, on les étend à l'air pour les faire refroidir un peu ; et, sans attendre que leur température soit abaissée au-dessous de 25 degrés, on les distribue aux chevaux. On en tirera meilleur parti encore, et on les rendra plus faciles à manger par les chevaux, en les triturant dans un mortier, et les forçant, à l'aide d'un pilon, de passer au travers d'un crible en fer et d'une passoire criblée de trous ; si l'on veut même les rendre plus appétantes, on les mélangera, dans cet état, avec un quart, un tiers ou moitié de leur volume de paille ou de foin haché.

Les pommes de terre les plus propres à la nourriture des chevaux, sont celles qui sont le plus *farineuses*, qui contiennent le plus de substance sèche ; on peut les reconnaître, soit à leur aspect intérieur, qui doit offrir une substance grenue, en quelque sorte pulvérulente et farineuse ; mais non pas une matière molle, comme gélatineuse ou gluante. Au reste, on s'assurera mieux encore de la valeur réelle de ces tubercules, en déterminant la proportion de matière nutritive sèche qu'elles contiennent ; on y parviendra, sans peine, à l'aide des indications que nous avons données dans le paragraphe VIII.

Suivant M. Ribeck, la quantité de pommes de terre qui est nécessaire pour la nourriture d'un cheval, varie depuis 10 jusqu'à 30 livres par jour ; elle dépend de la force de l'animal et du genre de travail qu'on lui fait faire ; il paraît, d'après des expériences qui lui sont propres, qu'un cheval, travaillant peu, n'exige guère plus de 10 livres de pommes de terres cuites pour sa nourriture journalière ; qu'un cheval de charrue peut consommer, terme moyen, 20 livres de cette substance ; un cheval d'une plus forte stature que la commune, 25 livres ; enfin, que les chevaux du Meklembourg mangent jusqu'à 30 livres de ces tubercules en une journée.

Au reste, pour guider sur la dose de cette nourriture, que l'on doit donner à un cheval quelconque, M. Ribeck annonce que les pommes de terre peuvent remplacer, au moins moitié de leur poids, de bon fourrage : or, une botte de foin, pesant environ 11 livres, serait représentée par 22 livres de ces tubercules cuits.

Outre les précautions relatives à la conservation des pommes de terre, et que nous avons indiquées dans le paragraphe XII, leur application à la nourriture des chevaux nécessite des soins particuliers que nous croyons devoir rappeler ici.

Une grande propreté est nécessaire pour éviter que cette nourriture, susceptible de fermenter assez promptement, ne communique un mauvais goût aux vases dans lesquels elle est contenue ; et, par suite, aux pommes de terre, récemment préparées, que l'on mettrait dedans ; il faut donc éviter de donner une plus grande quantité de pommes de terre que le cheval n'en peut manger ; il vaut même mieux qu'il en ait moins que la quantité nécessaire, et que le complément soit composé d'avoine, de son, de fourrage sec, etc. ; il est utile de laver la mangeoire chaque fois que l'on y remet une nouvelle quantité d'aliment, ou encore donner à boire dans le même vase où l'on met les pommes de terre. Tous les quinze jours, on fera bien de laver l'auge avec de l'eau salée.

Quelques inconvéniens peuvent résulter de la nourriture des chevaux avec les pommes de terre : les jeunes chevaux, par exemple, soumis à ce regime, sont sujets, avant de s'y habituer, à éprouver quelques coliques. Ces accidens, qui n'ont aucune suite fâcheuse pour la plupart des individus, s'aggravent chez quelques autres ; on a recours, dans ce cas, à des saignées et plusieurs lavemens, et, en général, la maladie cède bientôt à cette simple médication.

Toutes les précautions que nous venons de recommander deviennent inutiles, si l'on substitue à la pomme de terre cuite l'espèce de gruau sec dont nous avons indiqué la préparation dans le paragraphe XVII. Cette dernière nourriture, qui d'ailleurs offre l'avantage d'une conservation facile, est donc de beaucoup préférable ; elle peut même remplacer une grande partie et, au besoin, la totalité du foin et de l'avoine ; n'étant pas, comme ce grain, défendu contre l'action de l'estomac, par un dur cortex, elle se digère plus complètement.

L'usage de la pomme de terre, comme nourriture des chevaux, est d'une grande importance pour les fermes situées sur des côtes élevées qui produisent très-peu ou point de fourrage ; il permettrait de substituer aux bœufs les chevaux, qui mangent moins et rendent plus de services, surtout en hiver.

La question économique de la substitution de la pomme de terre, à la plus grande partie de foin, est facile à résoudre, d'après les données de M. Ribeck et la connaissance des produits comparés d'un terrain cultivé en pommes de terre ou en fourrages. En effet, un hectare de bon terrain, bien cultivé, rapporte, terme moyen, 275 hectolitres de pommes de terre pesant environ. . . . . 30,800 kil.

La même superficie de terre, cultivée avec les mêmes soins, ne produit en divers fourrages secs, tels que trèfle, luzerne, foin, etc., etc., que de 5 à 10 mille kilogrammes; et terme moyen, 7,500 kilogrammes, représentant, sous le rapport de la matière nutritive, le double de leur poids en pommes de terre, ou. . . . . . . 15,000 kil.

La différence en faveur des tubercules du *solanum* est de plus de moitié, ou. . . . . 15,800 kil.

La même superficie de terrain produirait donc généralement en pommes de terre deux fois autant de nourriture pour les chevaux que si elle était cultivée en divers fourrages. Les avantages de ces tubercules sur l'avoine seraient plus grands encore, ainsi que nous l'avons vu dans le paragraphe IV.

PARAGRAPHE XXVII.

Nourriture et engraissement de divers bestiaux avec la pomme de terre et la farine de ce tubercule.

Lorsque Parmentier et M. Cadet-de-Vaux commencèrent leurs nombreux et utiles essais sur les pommes de terre, ces tubercules, dédaignés des riches et des pauvres, ne servaient pas même de nourriture aux animaux domestiques, si ce n'est au porc lui seul : c'était, pour ce temps, une preuve de plus de la gloutonnerie de cet animal.

On donne généralement encore aujourd'hui aux porcs les pommes de terre crues, lavées, coupées par quartiers, et mêlées avec les eaux de lavages des vaisselles, le petit-lait, une partie du *caillé*, du lait de beurre, etc. Cette manière est cependant reconnue moins profitable que celle qui consiste à faire cuire les tubercules dans l'eau ou à la vapeur, les écraser grossièrement, les délayer dans les différens liquides ci-dessus énumérés, et donner ce mélange encore chaud. De quelque manière que l'on ait nourri un porc, ce n'est pas avec des pommes de terre crues ou cuites que l'on peut l'engraisser convenablement. On y réussit, au contraire, très-bien en réduisant les pommes de terre en farine, et délayant celle-ci comme on le fait habituellement des recoupes, farines, remoulages, etc. On conçoit que pour cet emploi, il est inutile de séparer, à l'aide de blutteaux ou tamis de diverses grosseurs, la semoule, le gruau, la farine; il suffit de moudre la pâte de pommes de terre, desséchée par les moyens que nous avons indiqués paragraphe XVII, et de substituer le produit tout entier de cette nourriture aux farines, recoupes, etc., ordinairement employées. Ici on emploiera la substance nutritive tout entière de la pomme de terre; et l'on peut voir, dans le paragraphe IV, de combien elle excède la quantité qu'en fournissent les céréales à surface égale de terrain.

Engrais du bœuf. — Il est important de choisir une nourriture convenable lorsque l'on veut engraisser des bœufs, afin d'abréger le temps où ils sont, pour cet objet, nourris sans travailler: on les prépare fort bien en leur donnant même, pendant le temps du travail, les marcs de la pulpe exprimée des betteraves dans les fabriques de sucre indigène; mais cette pratique ne peut acquérir une grande extension tant que les fabriques de ce genre ne seront pas plus multipliées. Dans les premiers mois qui suivent l'arrachage des pommes de terre, on peut employer utilement ces tubercules à engraisser les bœufs; mais la conservation de cet aliment ne peut être suffisante pour qu'il serve toute l'année; et, lorsqu'il manque, le gruau de la pomme de terre desséchée, moins coûteux que tous les grains, y supplée avec des avantages marqués.

Engrais des moutons. — Nous pouvons renouveler ici tout ce que nous avons dit relativement au bœuf, à l'exception du travail; toutefois on n'en est pas moins pressé d'amener les moutons au degré d'embonpoint convenable, car tout le temps qui s'écoule jusque-là coûte de la nourriture et l'intérêt du capital employé à l'achat de ces animaux. L'efficacité du marc de betterave a été démontrée, dans ce cas, par M. le baron Delessert, dans l'exploitation rurale qu'il avait annexée à l'une de ses fabriques de sucre indigène; mais ce marc ne peut être utilisé que dans un petit nombre de localités, tandis que partout le gruau, préparé à la manière indiquée, peut être constamment sous la main et dans toutes les fermes. Le mouton s'engraissera promptement étant soumis à ce régime, et sa chair sera sensiblement améliorée.

Nourriture des lapins. — On sait qu'en été ces animaux ne coûtent dans les fermes, et en général à la campagne, qu'une main-d'œuvre peu dispendieuse pour *faire de l'herbe;* mais, pendant l'hiver, cette ressource manque, et le foin, ainsi que le son, l'avoine, etc., remplacent forcément les herbages verds. On trouvera toute l'économie que nous avons signalée plus haut, dès qu'on substituera la farine brute de pommes de terre à ces substances nutritives. Il faudra avoir le soin de mélanger une faible dose de sel avec cette farine, et l'on fera bien de mettre un peu d'eau à portée de l'animal : nourris de cette manière, les lapins coûtent beaucoup moins, leur chair est plus succulente et ne contracte aucun mauvais goût.

Nourriture des chiens. — Ces animaux consomment beaucoup, comme chacun sait, et cette circonstance n'est peut-être pas étrangère aux causes des mesures prises par la police de France pour diminuer leur nombre, et en Angleterre pour empêcher qu'il ne s'accroisse (1). On diminuera beau-

(1) En France, on détruit chaque année un assez grand nombre de chiens errans, et en Angleterre on impose une assez forte taxe par tête de ces animaux.

coup la dépense qu'ils occasionnent et l'importance de leur consommation, en remplaçant le pain qu'on leur donne par des pommes de terre cuites et écrasées dans la saison favorable, ou de la farine de ces tubercules en tout autre temps. La plupart de ces observations peuvent s'appliquer à la nourriture des chats.

Nourriture de la volaille. — Si l'on en excepte les animaux de basse-cour élevés dans les grandes fermes, ceux que l'on nourrit ailleurs coûtent, en général, plus qu'ils ne rapportent. On achète volontiers, par des sacrifices plus ou moins grands, le plaisir d'élever des poules; et on ne pourrait, sans doute, contribuer davantage à alléger cette dépense que par la fabrication en grand, et bien entendue, d'un gruau de pommes de terre criblé à la grosseur du blé. Cette nourriture convient très-bien aux poules, et ne communique à leur chair ni à leurs œufs aucun goût désagréable.

On a essayé d'alimenter la volaille avec de la pomme de terre cuite et écrasée; mais, outre que cette matière acquiert un goût désagréable par une longue exposition à l'air, elle retarde la ponte, et bien plus encore les couvées.

Il résulte des expériences de M. Cadet-de-Vaux que 30 livres de gruau par jour sont plus que suffisantes pour la nourriture de cent poules. Cette quantité coûte environ 1 fr. 50 c.: chaque œuf ne reviendra alors, dans le temps de la ponte, qu'à trois centimes, et à cinq centimes au plus, terme moyen, pendant toute l'année; tandis que les poules nourries de grain, partout ailleurs que dans les exploitations rurales, donnent des œufs qui coûtent au moins vingt centimes chaque. Les dindes, les oies, les canards, mangent avec avidité le gruau de pommes de terre, et s'engraissent promptement; sous son influence, les petits poulets même peuvent en être nourris, pourvu qu'on le leur donne en grains

6

également criblés et peu volumineux, gros comme du chenevis, par exemple.

Il ne serait peut-être pas bien d'exclure totalement les grains de la nourriture des volailles, surtout parce qu'il est utile de varier les alimens. Cette variété les entretient dans un état de santé qui favorise toujours la ponte, l'engraissement et les couvées : le gruau de pomme de terre, qui peut constituer la base essentielle de la nourriture de la volaille, sera, dans tous les cas, un moyen de plus de variété.

PARAGRAPHE XXVIII.

Application des pommes de terre à prévenir les incrustations dans les chaudières à vapeur.

M. Clément, professeur de chimie industrielle, et l'un de nous se trouvaient, dans le même temps, en Angleterre; l'application utile qu'on venait de trouver aux tubercules du *solanum tuberosum*, nous frappa l'un et l'autre, quoique séparément; et à notre arrivée en France, nous en donnâmes, en même temps, communication à la Société d'Encouragement pour l'industrie nationale, et l'engageâmes à donner toute la publicité possible à un moyen aussi efficace. (*Voy.* le Bulletin de cette société, mars 1821.)

Presque toutes les eaux naturelles contiennent, en solution, des sels calcaires (sulfate et carbonate de chaux); celles des rivières, des sources, des puits, etc., dont on se sert pour alimenter les chaudières destinées à fournir de la vapeur, déposent sur les parois intérieures de ces vases, les sels que l'eau abandonne en se vaporisant; la couche séléniteuse augmente graduellement; et lorsque son épaisseur est assez forte pour intercepter très-sensiblement le passage du calorique, la paroi métallique de la chaudière s'échauffe jusqu'au rouge; à cette température élevée, la croûte est sujette à se briser;

l'eau, qui arrive alors sur le métal à nu, se vaporise en grande abondance; la vapeur formée, ne trouvant pas, par les soupapes de sûreté, d'assez larges issues pour se dégager en proportion de sa rapide production, augmente en peu d'instans la pression intérieure, au point de pouvoir faire éclater, avec explosion, la chaudière ou l'enveloppe des cylindres dans lesquels jouent les pistons (1). Si la chaudière est en fonte, le retrait subit, opéré par le refroidissement local, détermine une fente dans le métal, trop peu ductile pour suivre le mouvement de cette contraction rapide. De quelque manière que la chose se passe, l'accident est toujours grave; il peut mettre en danger la vie des personnes qui se trouvent peu éloignées de la chaudière ou de la machine, et faire éprouver une perte plus ou moins considérable, une interruption de travail plus ou moins coûteuse au fabricant.

On n'avait naguère d'autres moyens d'éviter ces accidens que de nétoyer les chaudières avant que la croûte formée fût trop épaisse; ces nétoyages, très-fréquens dans les localités où l'on employait des eaux fortement chargées de sélénite, étaient en outre fort pénibles; car les dépôts, en général, très-durs et adhérens, ne pouvaient être enlevés qu'en frappant à coups répétés, avec un outil tranchant et aciéré, sur toute la surface, qui en était recouverte. Une observation, due au hasard, fit cesser ces graves inconvéniens : un ouvrier, chauffeur d'une chaudière à vapeur, ayant un jour vidé les cylindres bouilleurs, tandis qu'ils étaient encore très-échauffés, mit dans l'un d'eux des pommes de terre pour les y faire cuire; quelques circonstances accidentelles lui firent oublier ces tubercules, et, le lendemain, les cylindres furent lutés

(1) D'après un correspondant du *Mechanic's magazine*, on prévient aussi ce dépôt en introduisant dans les chaudières des petites sphères en marbre (*billes*), ou des radicules de blé malté qu'on recueille dans la fabrication de la bière.

comme de coutume, remplis d'eau, et la machine mise en activité. L'ouvrier s'étant souvenu, plus tard, qu'il avait enfermé ses pommes de terre, se garda bien d'en parler, dans la crainte qu'il ne fût cause de quelque accident fâcheux; cependant on ne remarqua rien de particulier jusqu'à l'époque du nétoyage de la chaudière, c'est-à-dire quinze jours après; alors on observa que l'eau était beaucoup plus trouble ou bourbeuse qu'à l'ordinaire, et que la surface de la chaudière était complètement exempte d'incrustation : un simple rinçage la rendit parfaitement propre.

On ne tarda pas à découvrir la cause de ce phénomène, et des essais répétés, avec des pommes de terre mises à dessein, produisirent constamment le même effet : bientôt ce procédé se répandit dans les fabriques. Appliqué, depuis cinq ans, dans une fabrique appartenant à l'un de nous, il a préservé de tout accident une chaudière et les deux bouilleurs en fonte. Au reste, l'efficacité est reconnue généralement aujourd'hui; voici donc en quoi il consiste : avant d'allumer le feu sous la chaudière, on y introduit, outre la quantité d'eau ordinaire, des pommes de terre coupées par quartiers, dans la proportion de 15 à 20 kilogrammes, pour une machine de la force de vingt chevaux; cependant on peut varier la quantité, suivant que l'eau est plus ou moins chargée de sélénite, tout se passe ensuite à la manière accoutumée; au bout de trois semaines ou un mois au plus, on laisse refroidir le fourneau pendant douze ou quinze heures; on ôte les obturateurs et on vide l'eau bourbeuse; on passe dans la chaudière une petite quantité d'eau pour la rincer; enfin on charge commeà l'ordinaire.

L'un de nous a indiqué, dans le Journal de Pharmacie, année 8, page 467, la théorie suivante de cette action des pommes de terre. Ces tubercules, en contact avec l'eau, à une température soutenue de plus de cent degrés, s'y dissolvent presque en totalité; il en résulte un liquide visqueux, qui, enveloppant chaque particule de sel calcaire, au fur et à mesure qu'elle se précipite, l'enduit d'une couche en quelque sorte savonneuse. Cette matière interposée empêche le contact immédiat des parties, les fait glisser les unes sur les autres ; il ne peut donc y avoir aucune adhérence entre elles, et, par conséquent, aucune cohésion. On conçoit qu'ainsi les matières précipitées, libres dans le liquide, suivent tous les mouvemens que la chaleur imprime à l'eau, et ne peuvent former une croûte sur les parois de la chaudière, et enfin qu'elles sont entraînées dans le courant du liquide lorsqu'on rince et qu'on vide les bouilleurs.

Les pommes de terre, ainsi ajoutées dans les chaudières destinées à la production de la vapeur, ont, par fois, causé quelques légers accidens qu'il est facile d'éviter. Si l'on excède la proportion que nous avons indiquée, le liquide, devenu trop visqueux, est élevé par l'ébullition, jusqu'à la partie supérieure de la chaudière ; il peut passer dans les tuyaux destinés au passage de la vapeur, arrêter ou suspendre le mouvement d'une machine, engorger les soupapes, ou nuire encore d'une autre manière, si la vapeur n'est pas employée comme puissance motrice. Les mêmes accidens peuvent avoir lieu lorsqu'on introduit dans la chaudière une trop grande quantité d'eau ; il suffit d'ailleurs que nous en ayons indiqué les causes, pour que chacun s'en garantisse aisément.

PARAGRAPHE XXIX.

Emploi des pommes de terre dans la maçonnerie.

M. Cadet-de Vaux eut, le premier, l'idée d'incorporer la pomme de terre dans le plâtre, et parvint à former, avec ce mélange, un enduit peu altérable.

Ce philantrope éclairé avait fait réparer dix fois de suite, à des intervalles de temps assez rapprochés, la partie basse d'un mur exposé à l'humidité. Le maçon hésitait à y faire une nouvelle réparation, lorsque M. Cadet-de-Vaux, à qui il témoignait la crainte de faire encore un ouvrage inutile, lui conseilla d'ajouter, à son plâtre, de la pomme de terre cuite. L'ouvrier, trouvant sans doute ce moyen bizarre, et doutant d'ailleurs de son efficacité, se permit d'en rire. Cependant, en ayant reçu l'ordre positif, il gacha, avec sa *truellée* de plâtre, une livre environ de pommes de terre cuites et écrasées. L'enduit, qui fut fait avec ce mélange, résista, plusieurs années, aux causes locales de détérioration, et conserva une grande dureté, quoi qu'il fût recouvert d'une efflorescence saline de nitrate de chaux.

Le succès de cette première tentative détermina M. Cadet-de-Vaux à préparer un mortier d'argile et de pommes de terre cuites délayées dans l'eau, pour construire une *fabrique de jardin*, qui devait être exposée à tous les vents : ce mélange argileux fut appliqué sur des claies de bateaux, soutenues par des perches. Cette construction, d'un nouveau genre, parut suffisamment solide. De tels exemples, mis sous les yeux des propriétaires ruraux, devront les engager à constater, par une expérience plus longue, les avantages que présentent les pommes de terre dans cette nouvelle application.

PARAGRAPHE XXX.

Préparation d'une peinture en détrempe avec la pomme de terre.

C'est encore à M. Cadet-de-Vaux que nous sommes redevables de cette découverte. Voici comment il opère:

Les pommes de terre, quelle que soit leur espèce, sont cuites à l'eau ou à la vapeur, ensuite épluchées ; on les écrase toutes chaudes, on y ajoute de l'eau bouillante (quatre fois leur poids environ), l'on passe au tamis la bouillie qui en résulte (1). D'un autre côté, on prépare une bouillie épaisse avec du blanc d'Espagne, *carbonate de chaux*, deux fois et demie le poids de la pomme de terre; on délaye dans près de deux fois son poids d'eau; on passe au tamis, afin de séparer tous les corps étrangers. On mêle ensemble les deux bouillies ainsi préparées; on brasse bien tout le mélange, qui est alors prêt à être employé. Pour en faire usage, il suffit de tremper dans la préparation un gros pinceau dit *brosse*, et d'en mettre deux ou trois couches successivement sur les murailles.

M. Cadet-de-Vaux a observé que cette peinture sèche très-promptement; appliquée sur le bois, sur la pierre, sur le plâtre, elle ne s'écaille pas, et ne devient nullement poudreuse. Pour la colorer en rouge, en gris, en brun, en jaune, il suffit d'y ajouter des ocres rouges ou jaunes, du noir de charbon, etc., et de mêler le tout ensemble.

La peinture à la pomme de terre est vraiment économique, puisqu'elle revient environ à deux centimes la toise carrée de superficie; elle pourra donc être employée avec avantage pour badigeonner les murailles des maisons et des chaumières, les intérieurs des casernes, des chambres de paysans, etc.; elle trouvera de fréquentes applications dans les constructions rurales. Les bons effets remarqués dans les applications que ce paragraphe et le précédent indiquent, sont peut-être dus à l'enveloppe solide qui recouvre chaque grain de fécule. (*Voy.* un des paragraphes de ce Traité.)

---

(1) Un tamis de toile métallique serait préférable à tous les autres pour cet usage, parce qu'il pourrait résister au frottement sans que les mailles fussent écartées dans cette opération.

PARAGRAPHE XXXI.

Préparation faite avec la pomme de terre, et proposée pour remplacer le café.

M. Lampius a publié, dans plusieurs journaux scientifiques, un procédé au moyen duquel il obtient, de la pomme de terre, un produit analogue à celui qui résulte de la torréfaction du café, ou plutôt de la racine de chicorée. Il mêle une partie de bonne huile d'olive avec 128 parties de gruau sec de pommes de terre (une once pour quatre livres), puis il fait torréfier ce mélange de la même manière que le café ordinaire, et il le réduit en poudre pour en faire usage.

La substance, obtenue par ce moyen, n'a pas l'arôme qui caractérise le café; mais une petite quantité de celui-ci, torréfiée avec elle, le lui communiquerait, et suffirait probablement pour donner, par une infusion ménagée, une liqueur plus agréable même que le café préparé par ébullition.

PARAGRAHE XXXII.

Blanchissage à la pomme de terre.

Les tubercules du *solanum tuberosum* ont été proposés, par M. Cadet-de-Vaux, pour remplacer le savon dans le blanchissage du linge : des expériences, à ce sujet, furent répétées à la blanchisserie bertholliene de M. Fouques, île Saint-Louis, à Paris, en présence de MM. les Préfets de la Seine et de la Police, et de plusieurs savans distingués; on a obtenu de forts bons résultats, d'où l'on a pu conclure que la pomme de terre peut remplacer, d'une manière très-économique, la plus grande partie du savon employé dans le blanchissage. Voici comment on opère : le linge que l'on veut blanchir est placé dans une cuve; on ajoute ensuite de l'eau jusqu'à ce qu'il en soit recouvert complètement ; on laisse tremper pendant vingt-quatre heures; on retire ensuite le linge, on le bat, puis on le tord.

D'un autre côté, l'on a fait cuire des pommes de terre à la vapeur ou à l'eau; mais en ayant soin d'arrêter les progrès de la cuisson avant que les tubercules soient attaqués jusqu'au centre et disposés à être réduits en bouillie. On parvient ainsi à conserver aux pommes de terre assez de fermeté pour résister au frottement; on enlève leur pelure, qui pourrait tacher le linge ou lui communiquer une teinte grise; on met le linge, déjà dégorgé, comme nous l'avons dit plus haut, dans une chaudière contenant de l'eau chaude; on l'y laisse séjourner pendant une demi-heure, ensuite on le retire de l'eau pièce à pièce; on le tord légèrement et on le met en tas. On reprend ensuite chaque pièce séparément; on empâte les parties sales en les frottant avec de la pomme de terre; on replie le linge, on l'arrose d'eau chaude; on le froisse dans toutes ses parties; on le bat à la manière accoutumée; on replonge alors tout le linge dans la chaudière, dont l'eau est portée à la température de l'ébullition, et soutenue, à ce degré, pendant trois quarts d'heure.

Si le linge, avant d'être traité de cette manière, était extrêmement sale, on pourrait être obligé de recommencer une seconde fois à l'empâter de pommes de terre; enfin, dans tous les cas, on termine ce blanchissage en rinçant le linge dans l'eau froide; on le tord et on le fait sécher.

Pour rendre plus concluante l'expérience que nous avons rapportée, on avait soumis, à ce blanchissage, des objets salis de différentes manières, et, entre autres, du linge de corps, des tabliers de garçons brasseurs, du linge de table, des couches d'enfans, du linge de cuisine, des draps et chemises d'hôpital : tous ces objets furent parfaitement nettoyés par la pomme de terre; les plus sales ne présentaient aucune trace des matières qui les avaient salis.

Ce procédé, évidemment économique, présente, de plus, l'avantage de conserver au tissu des toiles une plus grande force, et de ne causer aucun mauvais effet, lors même que l'on emploie une forte dose de la substance *savonneuse*. Ces essais ont été répétés dans les départemens du Gers et de l'Hérault, et ils ont présenté les mêmes résultats.

PARAGRAPHE XXXIII.

Extraction de la fécule des pommes de terre.

Cette opération est fort simple, et n'exige aucun ustensile difficile à se procurer, lorsqu'on agit sur de petites quantités. Voici comment on s'y prend : on réduit la pomme de terre en pulpe, en la frottant contre une lame de tôle ou de fer-blanc percée de trous; une râpe à sucre ou une râpe à chapeler le pain sont très-commodes pour cela; on délaye la pulpe dans une ou deux fois son volume d'eau; on verse le tout sur un tamis placé au-dessus d'une terrine, en agitant par petites secousses; l'eau passe au travers du tamis, entraînant une grande quantité de fécule, et laissant dessus les parties les plus grossières de la pulpe; on lave celle-ci en ajoutant de l'eau par petites portions, en continuant de secouer le tamis jusqu'à ce que l'eau s'écoule limpide, ce qui annonce qu'elle n'entraîne plus de fécule. Tout le liquide, passé au travers des tamis, est rassemblé dans un vase conique, où bientôt la fécule se dépose. Lorsque l'eau surnageante n'est plus que légèrement trouble, on la décante; le dépôt blanc, opaque, de fécule, qui se trouve au fond du vase, est délayé dans l'eau, puis on le laisse de nouveau se précipiter au fond du vase; on répète ce lavage deux ou trois fois.

Une petite quantité de parenchyme, échappée au tamisage, salit encore cette fécule; on l'en débarrasse en lavant la superficie à l'aide de petites lotions d'eau; et les eaux de lavages, qui entraînent une certaine quantité de fécule, sont passées sur un tamis fin, puis déposées, etc.

Les dépôts de fécule, ainsi recueillis, peuvent être égouttés facilement en penchant lentement les vases qui les contiennent; en les étendant ensuite sur des vases applatis, et en laissant la dessication s'opérer dans une chambre échauffée, dans une étuve, ou même à l'air libre lorsque le temps est sec.

La préparation de la fécule en grand est basée sur la manipulation que nous venons d'indiquer; mais, pour obtenir des résultats avantageux, sous le rapport de la main-d'œuvre, il faut y apporter quelques modifications, et surtout employer des ustensiles appropriés, les plus expéditifs possible.

Lavage des pommes de terre.—Les tubercules sont séparés de la terre qui est restée adhérente à l'aide d'une sorte de cylindre d'un assez grand diamètre, percé de trous, tournant sur son axe, dans un cuvier rempli d'eau; on charge les pommes de terre, dans le cylindre, par une trappe que l'on surmonte d'une trémie ou entonnoir mobile; on ferme la trappe après avoir enlevé la trémie, et on fait tourner le cylindre à l'aide d'une manivelle, plus ou moins long-temps, suivant que les tubercules sont plus ou moins sales, et que la terre y adhère plus ou moins; lorsque le nettoyage est terminé, on enlève le cylindre au moyen d'une grue mobile, munie de deux bras coudés et à crochets, qui saisissent les deux bouts de l'axe; on ouvre la trappe, et l'on fait tourner pour l'amener à la partie inférieure; les pommes de terre sortent facilement, à l'aide d'un balancement léger qu'on imprime par la manivelle. On replace ensuite le cylindre, et on recommence un autre lavage; on change l'eau lorsqu'elle est trop bourbeuse.

Ce procédé de lavage est simple et facile; il permet d'opérer sur de grandes masses à-la-fois.

Réduction en pulpe. — Le but de cette opération est de

déchirer le plus grand nombre possible des fibres végétales qui enveloppent de leur réseau tous les grains de fécule ; les meilleures râpes, appliquées à cet usage, sont donc celles qui donnent la pulpe la plus fine. Une râpe en fer-blanc ou en tôle est très-convenable pour de petites manipulations dans l'économie domestique ; une lime-râpe est même suffisante lorsqu'on veut faire des essais, sur quelques grammes de tubercule ; mais, dans un travail en grand, où il est indispensable d'économiser la main-d'œuvre en sacrifiant un peu, mais le moins possible, du produit, la râpe de Burette, que nous avons décrite dans le paragraphe XVI, est préférable à tous les autres ustensiles qu'on a voulu appliquer à cette opération. Elle peut être mue, comme nous l'avons dit, par des hommes, des chevaux, une machine à vapeur, ou toute autre puissance motrice à disposition.

Lavage de la pulpe. — Lorsque la pomme de terre est ainsi déchirée, il faut extraire la fécule mise en liberté ; pour cela, au fur et à mesure que la pulpe est fournie par la râpe, on la porte sur des tamis cylindriques en crin de deux pieds de diamètre environ, sur dix pouces de hauteur. Ces tamis sont disposés sur des traverses, au-dessus de baquets. Chaque charge occupe au moins la moitié, et au plus les deux tiers de la hauteur du tamis ; un ouvrier malaxe vivement la pulpe entre ses mains, afin de renouveler sans cesse les surfaces exposées à un courant d'eau qu'entretient un filet continu d'environ deux lignes de diamètre. L'eau passe au travers du tamis, entraînant la fécule avec elle, et formant une sorte d'émulsion opaque ; lorsque le liquide s'écoule limpide au travers du tamis, on est assuré que tous les grains de fécule, mis à découvert, sont éliminés de la pulpe. Celle-ci, ainsi épuisée, est mise de côté pour des usages que nous indiquerons dans le paragraphe suivant ; on met sur le tamis une nouvelle charge ; on laisse couler le filet d'eau, et ainsi de suite.

Si l'on veut économiser l'eau, il faut tenir le tamis plongé dans le baquet rempli aux trois quarts d'eau, agiter la pulpe avec les mains, comme nous l'avons dit; la fécule, pour la plus grande partie, est entraînée dans le liquide, et il suffit de faire couler le filet d'eau, pendant quelques instans, sur le tamis, tiré hors de l'eau, pour achever l'épuisement de la pulpe.

On a essayé de remplacer les tamis par des bluteaux garnis de toile métallique, dans l'intérieur desquels des cloisons, disposées en hélice, formaient une sorte de vis d'Archimède. La pulpe était introduite, d'une manière continue, par une extrémité de la vis; un tube, perforé de trous, et servant d'axe au bluteau cylindrique, distribuait de l'eau dans toutes les parties; le liquide, chargé de fécule, tombait dans un vase disposé pour le recevoir, et la pulpe épuisée sortait à l'aûtre bout du bluteau. Cette machine, plus expéditive que le lavage dans les tamis, par charges interrompues, n'a, sans doute, pas été suffisamment perfectionnée dans son exécution, car son usage ne s'est répandu ni dans les fabriques de fécules, ni dans les distilleries d'amidon de pommes de terre.

De quelque façon que l'on ait obtenu la fécule en suspension dans l'eau, il suffit de laisser déposer ce liquide pour l'obtenir tout entière au fond du vase. On décante alors l'eau surnageante, à l'aide de robinets ou de chevilles placées à plusieurs hauteurs, jusque près de la superficie du dépôt.

Égouttage. — La fécule, ainsi déposée, est en masse assez dure, qu'il est facile d'enlever par morceaux; on la porte sur des filtres en toile, posés dans des trémies en bois, percées de trous; là elle perd toute l'eau qui pouvait la rendre pâteuse; on enlève les toiles; on les vide sur une table; on brise les pains qui en sortent; on ensache la fécule pour l'expédier dans le commerce ou la porter à la fabrique.

La fécule, obtenue de cette manière, contient encore de 33 à 35 centièmes d'eau; dans cet état, elle se conserverait difficilement, et occasionerait des frais de transport trop considérables pour être envoyée au loin; il faut donc la consommer sur lieu, et peu de jours après la préparation.

La fécule, destinée à former des substances alimentaires, doit être lavée en la délayant dans de l'eau claire, passant le tout au tamis une seconde fois, afin d'éliminer quelques parties des pommes de terre qui ont traversé dans le premier tamisage : on laisse alors déposer; on décante l'eau surnageante; on nettoie, avec une racloire, la superficie de la fécule, qui est salie par quelques substances étrangères; on la porte alors à l'égouttoir, d'où on la tire, comme nous l'avons dit plus haut.

Dessication. — Lorsque la fécule doit être conservée ou expédiée au loin, il faut qu'elle soit privée, presque complètement, de l'eau qu'elle a retenue après l'égouttage; pour y parvenir, on la porte dans une étuve, disposée comme celle que nous avons indiquée pour la préparation de la polenta, si ce n'est qu'au lieu de canevas, tendus sur des châssis, on se sert de tablettes en sapin, bordées de petites tringles en bois, de six lignes ou un pouce de hauteur. On étend la fécule, brisée en petits morceaux, sur ces tablettes; on l'y retourne deux ou trois fois par jour; et, lorsqu'elle est sèche, on la met en sacs ou en tonneaux pour l'expédier ou la conserver.

Les produits que l'on obtient en fécule varient suivant les saisons, les terrains dans lesquels on a cultivé les pommes de terre, les variétés de ces tubercules, etc. En opérant bien, en fabrique, le produit moyen s'élève, année commune, à 30 kilogrammes de fécule humide (dite *fécule verte*), ou 20 kilogrammes de fécule sèche.

Le fabricant ne saurait être guidé, dans le choix des tubercules que le commerce lui offre, autrement que par un essai préliminaire, c'est-à-dire l'extraction de la fécule par le procédé indiqué au commencement de ce paragraphe, ou, mieux encore, la dessication de plusieurs pommes de terre coupées en tranches minces, ainsi que nous l'avons indiqué à la fin du paragraphe VIII.

PARAGRAPHE XXXIV.

Emploi de la pulpe épuisée.

La quantité de pulpe qui reste sur le tamis, après l'extraction de la fécule par le lavage, est de 15 à 20 pour cent à l'état humide, représentant 5 à 7 centièmes à l'état sec, et renfermant 3 à 5 centièmes des tubercules employés à la fabrication de la fécule: on voit que cette sorte de résidu, que l'on a longtemps considéré comme du *parenchime* sans valeur, contient réellement presqu'autant de matière utile que la pomme de terre entière; en effet, nous avons vu que celle-ci contient moins de deux centièmes de fibres ligneuses non nutritives. On doit donc se proposer de tirer encore bon parti du marc après l'avoir épuisé de la fécule libre.

Le moyen le plus simple et le plus généralement employé d'utiliser le marc des pommes de terre, consiste à le faire manger aux cochons et aux vaches, tel qu'il est obtenu; mais cette nourriture, trop abondante en eau, est laxative et peu profitable; elle devient beaucoup plus saine et plus facile à digérer, lorsqu'elle est cuite à la vapeur, après avoir été privée, par expression, de l'excès d'eau qu'elle retient.

Dans une distillerie, il est facile d'employer utilement les marcs de pommes de terre; il suffit de les faire cuire à la vapeur, et de les traiter ensuite comme les pommes de terre cuites entières, ainsi que nous l'indiquerons en parlant de la distillation.

M. Cadet-de-Vaux a conseillé, d'après ses essais sur le parenchyme, de le faire dessécher, et de le réduire en farine comme la pomme de terre elle-même (Voy. le parag. XVII). La farine, ainsi obtenue, est d'un blanc-grisâtre, lorsque les pommes de terre ont été pelées avant d'être soumises à l'action de la râpe, et d'un gris plus foncé, lorsque la pellicule n'a pas été enlevée. On peut la mélanger, en diverses proportions, à la farine de froment, pour faire un pain de ménage un peu bis, mais très nourrissant. M. Cadet-de-Vaux assure avoir obtenu un pain savoureux, susceptible de se garder long-temps frais, avec un mélange de deux parties de farine d'orge, une de farine de parenchyme, et une de farine de froment.

M. de Chabraud, ancien directeur des vivres, a fait entrer le parenchyme de pommes de terre directement dans la composition du pain, sans aucune autre préparation. Voici son procédé :

Après avoir fortement exprimé le marc de pommes de terre, on le fait détremper dans son poids d'eau presque bouillante; on brasse bien ce mélange; et lorsqu'il est seulement tiède, c'est-à-dire à 30 ou 35 degrés de température, on y ajoute le levain, que l'on divise le plus exactement possible dans la masse, puis on ajoute successivement, par petites portions, un poids de farine de froment égal au sien; il faut avoir soin de bien diviser tous les grumeaux, afin d'obtenir une pâte très-homogène. On procède ensuite au pétrissage, à l'enfournement, etc., à la manière ordinaire.

PARAGRAPHE XXXV.

Emploi de l'eau de végétation des pommes de terre.

La partie aqueuse, contenue dans les tubercules du *solanum tuberosum*, est une solution de plusieurs substances végétales et de sels que l'analyse chimique y démontre; on ne s'étonnera donc pas qu'elle puisse servir d'engrais. C'est d'ailleurs ce qui résulte des recherches de M. le baron de Vogt, consignées dans le 5e volume de la Société patriotique de Schleswig-Holstein.

Depuis leur publication, les résultats, obtenus par le baron de Vogt, ont été confirmés par les expériences de Pictet de Genève. Ce savant observa que l'eau extraite des pommes de terre, employée pour arroser du gazon, a puissamment excité la force végétative, et que l'herbe a poussé beaucoup plus vigoureusement dans les endroits qui avaient été mouillés par cette eau.

Il est donc très-probable que l'on tirerait un parti avantageux des premiers lavages de la pulpe, dont il se perd une très-grande quantité dans les fabriques de fécule, en les mettant en tonneaux et les transportant sur les prairies artificielles, sur les terres arables, dans les champs de céréales récemment levées, etc., où ils seraient employés à arroser toute la superficie de la terre. Nous engageons les agronomes à tenter ce moyen dans la grande culture.

PARAGRAPHE XXXVII.

Blanchîment de la fécule par le chlorure de chaux.

L'amidon, extrait des pommes de terre ou des diverses parties d'autres plantes, et notamment des grains de céréales, ne peut être employé dans les arts, pour certains apprêts des tissus, s'il n'est d'une grande blancheur. C'est pour ces applications, surtout, que le procédé, indiqué par M. Samuel Hall, peut offrir des avantages marqués; il sera utile aussi pour tirer parti des fécules salies par diverses matières organiques, étrangères, que les lavages ne peuvent enlever.

On délaie du chlorure de chaux bien préparé (1), dans

(1) Le chlorure de chaux suffisamment saturé de chlore, pour le besoin des arts industriels et de l'économie domestique, doit marquer de 90 à 100 degrés, au chloromètre de M. Gay-Lussac. On trouve cette substance si utile

cinq à six fois son poids d'eau; on laisse déposer; on décante le liquide clair, et on délaie le dépôt dans une quantité d'eau égale à la première; on laisse encore déposer, puis on tire au clair; on recommence encore deux fois ces lavages, et l'on réunit toutes les solutions limpides. Cinq à six centièmes de cette liqueur suffisent pour opérer le blanchîment de l'amidon : on conçoit que l'on en doit employer plus ou moins, suivant que l'amidon est plus ou moins sale. Voici comment on opère :

On délaie l'amidon dans trois fois son poids d'eau; et tandis qu'il est encore tenu en suspension, à l'aide du mouvement, on verse dans le mélange de cinq à six centièmes de son poids, de la solution de chlorure, préparée comme il est dit ci-dessus; on agite l'eau pendant quelques minutes, puis on laisse déposer; on réitère cette agitation deux ou trois fois dans l'intervalle de temps de 20 à 30 minutes. Alors on laisse déposer, puis on décante le liquide surnageant; celui-ci peut être mis de côté pour commencer le blanchîment d'une nouvelle quantité d'amidon, et économiser ainsi un tiers du chlorure de chaux.

On ajoute sur le dépôt d'amidon de l'eau claire, en quantité à-peu-près égale à celle du liquide précédemment décanté; on brasse bien, puis on laisse déposer, et l'on tire au clair le liquide surnageant, que l'on peut jeter. On réitère ces additions d'eau, touillages et décantations, jusqu'à ce que l'odeur de chlore ait disparu. Alors on laisse égoutter le dépôt d'amidon, et on le fait dessécher dans l'étuve ou dans un séchoir ordinaire.

On obtient, par ce procédé, un produit d'une blancheur remarquable, et qui mérite la préférence sur l'amidon ordinaire pour les emplois ci-dessus indiqués. Il faut avoir soin

---

dans le blanchîment en général et la désinfection, chez MM. Payen, Ador et Bonnaire, faubourg Saint-Martin, nº 43, à Paris, au prix de 1 fr. 50 c. le kilog. et au degré ci-dessus indiqué.

de bien laver l'amidon, après la réaction du chlorure, afin d'enlever les dernières portions de cet agent, car s'il en restait une quantité appréciable, le bleu d'indigo, que l'on emploie avec l'amidon, dans les mêmes apprêts, serait, en partie ou en totalité, décoloré, et au lieu de relever l'éclat du blanc, il laisserait une teinte jaune (1).

PARAGRAPHE XXXVIII.

Préparation des encollages avec la fécule.

Dans la fabrication des toiles, les tisserands, afin de renforcer la chaîne, et la faire mieux résister au frottement de la navette et du peigne, l'enduisent d'une colle de pâte qu'ils nomment encollage, ou *parement*, ou *parou*. Lorsqu'ils tissent des fils blancs, leur encollage doit être aussi blanc que possible, et surtout débarrassé de tous les corps étrangers qui se rencontrent souvent dans les farines, tels que le son des grains entiers ou seulement concassés, etc. La fécule de pommes de terre, ni l'amidon de froment, ne peuvent offrir ces inconvéniens; mais on désire encore une propriété importante dans les encollages, c'est qu'ils soient hygrométriques, afin qu'attirant l'humidité de l'atmosphère, ils entretiennent la souplesse convenable dans les fils, sans que l'on soit obligé, pour l'obtenir, de travailler dans les caves.

Jusque dans ces derniers temps on n'avait rencontré qu'une seule farine qui fût assez hygrométrique pour que l'on en pût préparer un encollage, au moyen duquel il devînt facile de tisser hors des caves, c'était la farine du petit millet,

---

(1) C'est ainsi que le papier blanchi au chlorure de chaux, si sa pâte a été mal lavée, ne peut servir pour les dessins enluminés : il détruit les couleurs que l'on y applique.

phalaris canasiensis, mais son prix élevé empêchait que l'on y eût recours.

M. Dubuc de Rouen eut l'idée de rendre les farines ordinaires, l'amidon de froment et la fécule de pommes de terre suffisamment hygrométriques, en ajoutant, au parement que l'on prépare avec ces substances, une certaine quantité d'hydrochlorate de chaux. Les expériences qu'il fit de ce procédé eurent un plein succès, et l'Académie royale des sciences de Rouen nomma une commission, prise dans son sein, pour les constater, en voyant opérer chez les tisserands. Le rapport favorable qui fut fait à l'Académie ne laisse plus aucun doute sur l'efficacité de ce moyen.

Le plus bel encollage, et à-la-fois le plus économique que l'on ait ainsi préparé, se compose des substances suivantes. On pourra remarquer l'avantage qu'elles présentent sous le rapport du prix, en comparant celui-ci avec le prix de l'ancien encollage, placé en regard dans le même tableau :

	f. c.		f. c.
Farine de petit millet, 1 liv.	» 70	Fécule, 1 livre.	» 25
Colle de Fl. ou gélatine, 1 once	» 15	Colle ou gélatine, 1 once.	» 15
Eau, combustible, main-d'œuvre	» 25	Eau, combustible, main-d'œuvre	» 25
		Chlorure de chaux, 6 gros ou 1 once.	» 10
	1 10		» 70

On délaie la fécule ou la farine dans l'eau ; on porte à l'ébullition ; on y ajoute ensuite la colle-forte détrempée à froid dans l'eau pendant douze heures, et dissoute par l'ébullition de quelques minutes; enfin on verse dans ce mélange la solution d'hydrochlorate de chaux ; on remue bien, et l'encollage est prêt à employer.

On conçoit qu'il est facile d'augmenter la propriété hygrométrique du nouvel encollage en augmentant la proportion de muriate de chaux, et cela peut être utile dans les temps très-secs. On a généralement aujourd'hui abandonné l'usage de l'ancien parement.

PARAGRAPHE XXXIX.

Propriété nutritive de la fécule; ses usages dans l'économie domestique.

Les propriétés de la fécule de pomme de terre, considérée comme aliment, ont été vantées par les uns (1), et dépréciées par les autres. On a supposé que cette fécule variait suivant les diverses variétés de tubercules.

Les moyens que la chimie offre de constater la propriété des corps ont fait reconnaître l'identité qui existe entre la composition de la fécule de pommes de terre de toutes les variétés et celle de l'amidon extrait des autres plantes; on pourrait ajouter que des proportions, souvent inappréciables, de quelques corps étrangers, et notamment d'une huile essentielle, difficiles à séparer, modifient le goût des fécules des différens végétaux, mais sont sans influence sous le rapport de sa qualité nutritive et sur ses effets hygiéniques,

Dans l'économie domestique, on emploie la fécule pour suppléer à la farine de froment, surtout dans la préparation de la bouillie pour les enfans. Cet aliment, plus facile à apprêter, est, sans doute, moins nourrissant, mais il se digère plus facilement; et, sous ce rapport, convient mieux. On s'en sert, avec avantage, pour nourrir les personnes faibles ou en convalescence.

La fécule, cuite dans du bouillon de veau ou de poulet, édulcorée avec du sucre et aromatisée avec quelques essences

(1) Sir Barthley met cette fécule au-dessus de toutes les autres, et la compare à celle d'Arum, qui se vend à Londres, depuis 2 jusqu'à 6 schelings. (2 fr. 50 c. à 9 fr. la livre.)

fines, forme des gelées qui conviennent aux personnes dont la poitrine est faible.

Il est très-facile de faire cuire la fécule dans le lait ou le bouillon; il suffit, en effet, de la délayer, dans ces liquides, à froid, puis de porter ce mélange à l'ébullition, que l'on soutient pendant quelques minutes; il est important de porter la coction à ce point, afin que tous les tégumens, dont chaque grain de fécule est enveloppé, soient crevés, et permettent à la substance intérieure d'être attaquée par les agens de la digestion. (Voyez, dans le dernier paragraphe, la contexture physique des fécules observées au microscope).

On vend, dans le commerce, plusieurs fécules extraites de végétaux exotiques, dont on vante beaucoup les propriétés alimentaires, et dont le prix est fort élevé, si on le compare à la valeur de la fécule de pommes de terre; cependant celle-ci n'en diffère que par l'odeur, excessivement légère, que développe chacune d'elles; souvent même ces fécules, tirées de l'étranger, sont falsifiées, avec l'amidon, des céréales ou des tubercules du *solanum tuberosum*; et les personnes qui croient devoir accorder la préférence aux fécules étrangères, ne reconnaissent pas ce mélange. Nous répétons ici que l'action de toutes ces fécules, sur l'économie animale, est absolument la même; il serait donc plus raisonnable de faire usage de la fécule qui se vend à meilleur marché.

PARAGRAPHE XL.

Préparation d'une sorte de tapioka de pomme de terre.

On sait que le tapioka, préparé avec la fécule du manioc (*jatropha manihot*), est réduit, par la chaleur, en une sorte de pâte épaisse que l'on divise en grains informes et que l'on fait dessécher. La coction, dans ce cas, est utile pour faire volatiliser un principe âcre, vénéneux, dont la présence excluerait l'emploi de cette fécule comme substance alimentaire.

Ce produit exotique est recherché pour la préparation des potages délicats, et comme aliment d'une facile digestion; on peut obtenir une substance semblable, et dont le goût diffère à peine avec la fécule des pommes de terre. Le procédé que l'on emploie pour cela est fort analogue à celui d'où résulte le tapioka, et cependant il paraît être dû au hasard.

En cherchant à faire dessécher, sur le feu, de la fécule humide, que l'on agitait avec une cuillère, on s'aperçut qu'elle s'agglomère en une masse pâteuse, demi-translucide, et qu'en continuant à remuer cette pâte, elle se divise en grumeaux informes; qu'enfin ceux-ci, desséchés lentement, offrent la plus grande analogie avec le tapioka.

On vend, dans le commerce, actuellement du tapioka de pommes de terre ainsi préparé; on réduit la fécule humide en pâte, dans une chaudière qui est échauffée graduellement; on la fait grumeler, à l'aide d'une spatule, en grumeaux les plus petits possible; on étend ceux-ci sur des canevas de toiles, tendus sur des châssis que l'on dispose dans une étuve semblable à celle que nous avons décrite paragraphe XVII; lorsque la dessication est complète, on passe les grumeaux dans un gros tamis en toile métallique, afin de séparer les plus gros morceaux; tout ce qui passe ressemble au tapioka de grosseur inégale. On peut le diviser en plusieurs produits qui offrent chacun moins de variations dans leur grosseur, et soient plus faciles à faire cuire au point convenable, en tamisant ces grumeaux, desséchés successivement, dans deux ou trois tamis graduellement plus serrés.

Les plus gros grumeaux, séparés dans le premier tamisage, peuvent être concassés au moulin, pour en faire du tapioka de différentes grosseurs ou réduit en farine.

En réglant, à volonté, la mouture et les tamisages de la fécule cuite et desséchée, on prépare et l'on vend aujourd'hui, dans le commerce, divers produits employés, surtout dans la confection des potages, sous les noms de *tapioka*, *sagou*, *riz*, *semoule*, *gruau*, *salep*, etc., de fécule.

Nous ne nous étendrons pas davantage sur ces préparations alimentaires obtenues de la fécule; la plupart des détails donnés plus haut, relativement à la fabrication et aux emplois de la polenta, pouvant être appliqués à celles-ci, nous renverrons au paragraphe XVII et suivans, où l'on trouvera le complément de ce qui nous resterait à dire ici.

PARAGRAPHE XLI.

Fabrication du sirop de fécule.

La conversion de la fécule en sucre, indiquée d'abord par Kirckoff, est restée long-temps un procédé de laboratoire, qu'en vain l'on a espéré porter au degré de perfection, qui était de produire une substance identique avec le sucre des cannes et des betteraves, ou seulement de remplacer ces produits dans leurs principaux emplois. Cependant l'utilité du sirop de pommes de terre est suffisamment établie dans d'autres applications, pour que l'on doive regarder cette nouvelle branche d'industrie comme très-importante, l'une de celles auxquelles la pomme de terre doit sa plus grande consommation.

Les procédés de fabrication en grand ont été amenés à un tel état de simplicité et de promptitude, dans une fabrique que l'un de nous a dirigée pendant deux ans avec M. Cartier, qu'il nous paraît difficile d'y apporter aujourd'hui aucune amélioration notable. Nous indiquerons toutefois les modifications que nous croyons avantageuses, après avoir décrit le moyen de saccharification que nous avons employé avec le plus grand succès.

Fabrication du sirop avec la fécule sèche.

Une chaudière en plomb épais de deux lignes, A, fig. 2, pl. 1, de cinq pieds de diamètre et trois de profondeur, est posée sur un disque bombé B, en fonte de fer, de 12 à 15 lignes d'épaisseur; le foyer est disposé dessous de manière à chauffer toute la surface de ce disque; des ouvreaux CC... laissent échapper les produits de la combustion qui se rendent dans la cheminée. Un couvercle D, en bois, solidement assemblé et doublé d'une feuille de cuivre rouge, est posé sur cette chaudière; il offre, près de ses bords, une ouverture E, de 12 à 15 pouces de diamètre, et une autre plus petite F, de 6 pouces de diamètre, recouverte à volonté par un disque mobile G, en bois, doublé de cuivre; un râble H, en bois, est introduit, dans la chaudière, par la grande ouverture.

Les choses étant ainsi disposées, on introduit dans la chaudière 1000 kilogrammes d'eau, que l'on porte à l'ébullition; alors on y ajoute 15 kilogrammes d'acide sulfurique, à 66° préalablement délayé dans 30 kilogrammes d'eau (1). On agite pour répartir également l'acide dans toute la masse, puis on attend que l'ébullition se manifeste de nouveau; alors, le feu étant en pleine activité, un homme saisit le râble en bois, et commence à agiter toute la masse liquide d'un mouvement circulaire; un ouvrier, ou un enfant, ajoute, par cuillerées d'environ un demi-kilogramme chaque, qu'il verse par le petit trou du couvercle, toute la fécule (de 450 à 500 kilogrammes), en ayant le soin de ne pas trop se presser, afin

---

(1) Lorsqu'on verse l'acide concentré dans l'eau, un échauffement plus ou moins considérable a lieu; afin d'éviter qu'il soit trop brusque, on met dans deux seaux, ou dans un baquet, les 30 kilog. d'eau froide, puis on ajoute peu à peu l'acide, en agitant le liquide avec une spatule en bois. Lorsqu'ensuite on verse ce mélange dans la chaudière qui contient l'eau bouillante, il ne se produit plus aucun effet.

que la réaction s'opère à chaque addition, que l'ébullition ne cesse pas, et que le liquide ne devienne pas épais.

L'addition, ainsi graduée, permet à l'acide d'agir en grande quantité sur une très-petite proportion de fécule à-la-fois; la saccharification de chaque portion ajoutée s'opère en un instant; et, dès que la totalité est délayée dans la chaudière, l'opération est à-peu-près terminée. Afin cependant d'éviter qu'une petite quantité d'amidon puisse rester inattaquée, et rendre le liquide visqueux, on soutient encore l'ébullition pendant huit ou dix minutes : toute la masse doit être alors diaphane, très-liquide; en en remplissant un verre à boire, on aperçoit à peine une teinte ombrée; on couvre alors la grille du foyer avec du charbon de terre bien mouillé, et on laisse la porte du foyer ouverte, afin que l'air froid du dehors, entraîné dans le courant où passaient les produits de la combustion, refroidisse un peu le fond et les parois de la chaudière.

Dès que l'ébullition a cessé, on commence à ajouter la craie pour saturer l'acide; il en faut à-peu près autant que d'acide employé; mais comme cette substance varie dans sa composition, surtout en raison de l'eau, de l'argile et du sable qu'elle renferme, on ne peut fixer de dosage certain, et il devient utile de reconnaître le degré de saturation, à l'aide d'un papier coloré en bleu, par la teinture du tournesol : tant que le liquide contient un excès d'acide, une goutte, posée sur le papier, le fait virer au rouge; et, dès que tout l'acide est saturé, le liquide ne fait plus virer la couleur bleue du papier; et comme il vaut mieux qu'il y ait un excès de craie, il ne faut cesser d'en ajouter que lorsqu'une goutte du liquide, posée sur une tache rouge du papier tournesol (faite par le liquide acide), ou sur un papier tournesol rougi à dessein et d'avance, ramène la couleur au bleu.

L'addition de la craie ne doit être faite qu'avec beaucoup de précautions, et en très-petite quantité à-la-fois; car l'effervescence, qui a lieu par le dégagement de l'acide carbonique, que l'acide sulfurique déplace en s'emparant de la chaux, pourrait faire monter en mousse une partie du liquide par-dessus les bords de la chaudière. A chaque addition de craie, on agite toute la masse, et on attend quelques secondes que l'effervescence ait cessé pour faire une autre addition. On peut mettre ainsi, à chaque fois, environ un demi-kilogramme de craie.

Lorsquon a reconnu, aux caractères que nous avons indiqués, que la saturation est complète, il faut séparer le sulfate de chaux non dissous; pour cela on laisse déposer le liquide pendant environ une demi-heure, et, pendant ce temps, on prépare le filtre. Celui-ci se compose d'une caisse rectangulaire, en bois, doublée en plomb d'une ligne d'épaisseur, et percé au fond d'un trou d'un pouce ou quinze lignes de diamètre, dans lequel passe un bout de tuyau en plomb, soudé au fond du filtre; on pose sur le fond un grillage en bois, formé d'un châssis d'un pouce en tous sens, moins grand que l'intérieur du filtre, et qui reçoit dans des entailles des tringles en bois, écartées de six lignes et épaisses d'un pouce environ. On étend sur le grillage une toile très-claire, quoique forte, et, par-dessus, un drap de laine, connu dans le commerce sous le nom de *drap romorantin;* la toile et le drap étant plus larges et plus longs que le grillage, de trois ou quatre pouces en tous sens, on replie les bords et on les serre entre le châssis et les parois en plomb du filtre.

Les choses étant ainsi disposées, et le liquide déposé dans la chaudière, on emplit un siphon en cuivre avec de l'eau, puis on le retourne dans la chaudière, et à l'aide d'un entonnoir à douille sur le côté, et d'un tuyau placé sur le filtre, le liquide, tiré par le siphon, coule dans l'entonnoir, et de là dans le filtre; il passe au travers du drap et de la toile, sur lesquels il laisse les parties insolubles qu'il charrie, et se rend enfin dans un réservoir placé sous le filtre. Les premières portions ainsi filtrées sont ordinairement troubles; on peut les recevoir dans un sceau afin de les rejeter sur le filtre.

Lorsque le siphon a fait écouler tout le liquide surnageant et atteint le dépôt, celui-ci s'engorge bientôt; on le retire alors; on enlève tout le dépôt au moyen d'une cuiller large et profonde; on le met dans des sceaux, puis on le porte sur le filtre; on rince la chaudière avec un ou deux seaux d'eau, que l'on retire à l'aide de la cuiller et d'une grosse éponge, pour les jeter encore sur le filtre. On remplit alors la chaudière d'eau, à la hauteur accoutumée; on soulève la croûte de charbon mouillé formée sur le foyer; on ferme la porte, et bientôt le feu s'allume avec activité. Dès que l'eau est presque bouillante, on en puise, dans un arrosoir, pour verser, en pluie, sur le marc resté dans le filtre; on remet de l'eau froide dans la chaudière.

Si la cheminée de la chaudière est disposée de manière à passer sous un bassin en cuivre mince, comme le montre la figure, celui-ci entretient la température de l'eau que l'on y met à un degré assez élevé pour le lavage du dépôt resté sur la filtre.

La chaudière étant remplie de manière à contenir les 1,000 kilogrammes d'eau environ, et celle-ci étant bouillante, on recommence une autre opération, qui se fait comme la première; on peut aisément achever ainsi cinq cuites dans les vingt-quatre heures, avec des hommes qui se relèvent, en sorte que l'on emploie 2,250 à 2,500 kilogrammes de fécule sèche.

Le liquide filtré est porté dans une chaudière peu profonde, où on le fait évaporer rapidement, jusqu'à ce qu'il soit réduit à-peu-près à la moitié de son volume; il doit alors marquer, à l'aréomètre de Beaumé, 25 à 28 degrés; on y ajoute du charbon animal le vingtième du poids de la fécule employée; on agite bien toute la masse pendant quelques minutes; on projette dedans du sang battu dans l'eau; on suspend l'agitation; et, dès que l'ébullition se manifeste vivement de nouveau, on tire tout le liquide, à l'aide d'un robinet placé au fond de la chaudière, dans un filtre semblable à celui que nous avons décrit, plus haut, dans ce paragraphe. Les premières parties du liquide filtré passent troubles; on les recueille dans un seau ou une large cuiller, et on le reverse sur le filtre; on se hâte de recouvrir ce filtre, ou plutôt on l'a recouvert d'avance, avec des volets en planches, qui sont enveloppés de couvertures de laine, afin d'éviter un trop grand refroidissement qui, rendant le sirop moins fluide, retarderait la filtration.

Lorsque le sirop est presqu'entièrement écoulé, et que le dépôt, resté sur le filtre, paraît à sec, on arrose celui-ci avec de l'eau chaude, afin d'extraire le sucre qu'il retient; il faut verser peu d'eau à-la-fois, et renouveler fréquemment cette addition, jusqu'à ce que le liquide filtré ne marque plus qu'un demi-degré à l'aréomètre. Alors on jette dehors le marc épuisé; on lave le drap de laine et la toile que l'on remet en place pour une autre clarification. Les eaux faibles du lavage du marc, depuis 4° jusqu'à 1/2 ou 0°, sont réservées pour commencer l'épuisement d'un autre dépôt; on ne les fait évaporer directement que lorsqu'on suspend les travaux, et que, par conséquent, il n'y aurait plus de marcs à épuiser.

PARAGRAPHE XLII.

Fabrication du sucre d'amidon avec la fécule humide et la pâte ou la pulpe de pommes de terre.

THÉORIE DE L'OPÉRATION.

Lorsqu'on prépare, dans le même établissement, le sirop et la fécule, on peut se dispenser de faire dessécher celle-ci, et l'employer telle qu'on l'obtient en dépôt au fond des vases où on la recueille. Il faut la délayer dans son volume d'eau à-peu-près, et l'ajouter dans la chaudière, qui contient le mélange bouillant d'eau et d'acide, par portions assez petites pour ne pas arrêter l'ébullition. On doit de plus avoir soin d'agiter continuellement la fécule, délayée dans les intervalles de temps entre chaque addition; sans cette précaution, la fécule se séparerait du liquide en un dépôt très-consistant que l'on aurait peine à remettre en suspension dans l'eau. Le refroidissement, que chaque addition produit dans la chaudière, étant plus fort que lorsqu'on fait usage de la fécule desséchée, l'opération est, en général, plus longue à se terminer, quoique l'on active le feu le plus possible. On parviendrait, sans doute, à saccharifier la fécule humide, aussi promptement que la fécule sèche, au moyen de l'appareil à vapeur forcée que nous indiquerons dans le paragraphe suivant.

On peut rendre la préparation du sirop d'amidon plus économique encore, en traitant directement la pomme de terre cuite et réduite en bouillie, et ajoutant cette matière, toute chaude, par cuillerées, dans le mélange bouillant d'eau et d'acide. Le sirop, que l'on obtient en adoptant cette modification, et suivant, du reste, tout le procédé indiqué dans le paragraphe précédent, contracte un goût désagréable, causé surtout par la réaction de la chaleur et de l'acide sur l'albumine végétale. Ce mauvais goût influe peu sur celui de l'alcool préparé avec ce sirop; mais il ne permettrait pas d'employer, à d'autres usages indiqués plus loin, le sucre d'amidon.

On arrive encore aux mêmes résultats, en substituant, à la fécule, la pulpe de pommes de terre. Ce mode d'opérer est à-peu-près aussi économique que le précédent.

Cent parties d'amidon sec, suivant M. Théodore de Saussure, produisent 110, 14 de sucre sec; on obtient, par un travail en grand, de 100 kilogrammes de fécule sèche (retenant toujours une petite quantité d'eau hygrométrique), ou de 150 kilogrammes de fécule humide, dite *fécule verte*, 150 kilogrammes de sirop, à 30 degrés Beaumé, qui représentent 100 kilogrammes de sucre sec.

Si l'on préparait, en grand, du sirop à un degré plus élevé (une densité plus grande) que 30 de l'aréomètre Beaumé; qu'on le portât, par exemple, jusqu'à 40, il pourrait, en cristallisant dans les tonneaux où on le mettrait pour l'expédier, briser les fûts par la dilatation que le nouvel arrangement des molécules détermine. Cet effet, contraire à celui que l'on observe dans la cristallisation du sucre de canne et de betteraves, est analogue à ce qui se passe dans la solidification de l'eau par la gelée.

THÉORIE DE LA FABRICATION DU SIROP DE FÉCULE.

La première partie de cette opération consiste dans la conversion de l'*amidon* en sucre; la théorie de ce phénomène n'est pas encore bien démontrée. Voici, au reste, ce qu'on sait de plus positif à cet égard:

Fourcroy avait reconnu que l'amidon était formé de grains arrondis, que l'on a depuis, mais à tort, supposés être des cristaux anguleux. Tout récemment, M. Raspail a observé (Voyez un extrait de son Mémoire à la fin de ce Traité) que ces grains sont recouverts d'une enveloppe mince, peu alté-
Lorsque la fécule est échauffée dans l'eau, les grains se
rable, différente de la matière *gommeuse* qu'elle renferme, etc.
dilatent, la substance intérieure se fait jour au travers du tégument, elle se répand dans le liquide; l'acide sulfurique, en augmentant sa fluidité, favorise sa combinaison avec l'oxigène et l'hydrogène, dans les proportions qui constituent l'eau, et il en résulte une substance sucrée soluble dans l'eau, à chaud et à froid, des tégumens insolubles disséminés dans le liquide, et l'acide sulfurique reste dissous sans altération. La craie (carbonate de chaux) que l'on ajoute lorsque la saccharification est complète, cède son oxide (oxide de calcium, *chaux*) à l'acide sulfurique; il en résulte du sulfate de chaux, peu soluble, qui se précipite, en grande partie, avec

l'excès de carbonate de chaux, au fond de la chaudière, et de l'acide carbonique qui se dégage, sous forme gazeuse, en produisant une forte effervescence.

En portant le mélange liquide, ensuite le dépôt sur le filtre, la solution de sucre passe limpide au travers des tissus, entraînant une certaine quantité de sulfate de chaux dissous; la plus grande partie de ce sulfate, les tégumens de l'amidon et l'excès de carbonate de chaux, restent sur le filtre. Ces substances solides retiennent une assez grande quantité de liquide sucré dont on les dépouille au moyen des lavages à l'eau chaude.

L'évaporation concentre le sirop, et détermine la précipitation de la plus grande partie du sulfate de chaux resté dans la liqueur. Cette précipitation est favorisée par le charbon animal que l'on ajoute, et qui enlève, en même temps, une partie de la matière colorante (1) et une partie du goût nauséabond du sirop.

Enfin l'albumine étendue (sang ou œufs battus) que l'on délaie promptement, se répand dans tout le liquide, se resserre par la coagulation que la chaleur détermine, et agglomère ainsi les parties les plus tenues du charbon animal, en sorte que celles-ci ne peuvent plus, en s'engageant dans l'épaisseur du tissu, obstruer le filtre ni passer au travers, et laissent écouler le sirop limpide.

---

(1) La substance colorante paraît être due à la caramélisation d'une petite quantité de sucre d'amidon, par le concours de la chaleur et l'acide. Du moins il est certain que si l'on continue l'ébullition après l'addition de l'acide sulfurique, et avant d'ajouter la craie pour saturer cet acide, la liqueur se colore de plus en plus en jaune fauve, tandis que si l'on se hâte de saturer l'acide dès que la saccharification est opérée, puis de filtrer, on obtient un sirop presque incolore.

PARAGRAPHE XLIII.

Propriétés du sucre de fécule; ses emplois.

Si l'on rapproche le sirop de fécule jusqu'à 45 degrés de l'aréomètre Beaumé, à 12 ou 15 degrés de température, ce sirop se prendra, par le refroidissement, en une masse grenue, blanche, opaque, sans formes cristallines prononcées. Cette substance est insoluble dans l'alcool; elle se dissout dans l'eau froide et dans l'eau chaude; sa solution bouillante, marquant 34 degrés, tenue dans un endroit dont la température ne s'élève pas au-delà de 10 degrés, dépose lentement une partie de la matière sucrée blanche. La solution, étendue d'une quantité d'eau, telle qu'elle marque seulement de 5 à 10 degrés, et mise, à la température de 20 ou 25 degrés, en contact avec de la levure, ne tarde pas à fermenter à produire de l'alcool et à dégager de l'acide carbonique; la température étant entretenue au même degré pendant quelques jours, la totalité du sucre se convertit en alcool. Celui-ci est susceptible de se transformer en acide acétique. Deux fabrications importantes, celles de *l'eau-de-vie de fécule* et du *vinaigre*, propres aux arts, sont fondées sur ces propriétés du sucre d'amidon.

Emploi du sucre et du sirop de fécule.

On a, pendant long-temps, cherché les moyens d'obtenir le sucre d'amidon, sous la forme du sucre de cannes, en pains ou en cristaux prononcés; mais toutes les tentatives faites dans ce but ont été infructueuses jusqu'à ce jour; non-seulement la forme, mais encore la saveur beaucoup moins sucrée du sucre d'amidon, n'ont pas permis de le substituer au sucre de l'*arundo saccharifera* ou des betteraves. Cependant la cupidité a fait de ce sucre un objet de fraude : desséché et réduit en poudre, on l'a mélangé, en diverses portions, avec les casso-

8

nades du commerce, et l'on est parvenu ainsi à tromper doublement l'acheteur, puisqu'on lui vendait plus cher une denrée dont l'apparence était plus belle, en raison de la blancheur du sucre d'amidon; mais dont la qualité était moindre que celle de la cassonade ainsi altérée. Cette fraude fut, au reste, bientôt décélée par la différence, facile à reconnaître, entre la saveur de la cassonade ordinaire et celle de la cassonade mélangée.

L'emploi le plus important en sirop de fécule est dans la fabrication de l'alcool; nous donnerons, plus loin, des détails sur cette fabrication : on fait aussi un assez grand usage de ce sirop pour la préparation du vinaigre blanc, dont nous parlerons également plus loin.

Lorsque l'orge et les autres graines céréales sont à un prix un peu élevé, l'emploi du sirop de fécule présente des avantages marqués aux brasseurs. C'est surtout à cette destination que fut appliqué le sirop de pommes de terre que M. Cartier, et l'un de nous, préparèrent pendant plusieurs années.

Pour faire entrer le sirop de fécule dans la composition de la bière, il suffit de l'étendre d'eau jusqu'à ce que la solution ne marque pas plus de 5 degrés à l'aréomètre Beaumé, et à 12 ou 15° de température, puis d'employer cette solution pour préparer la décoction de houblon de la même manière qu'on le fait habituellement avec le moût obtenu par les *trempes* de l'orge germée. Il est utile, afin de conserver à la bière le goût auquel les consommateurs s'habituent, de substituer d'abord le sirop de fécule seulement à un dixième de l'orge employée ordinairement, puis d'augmenter graduellement la proportion de ce sirop, jusqu'à ce qu'elle ait atteint la moitié de la quantité d'orge.

On pourrait, sans doute, lorsque le miel et la mélasse sont chers, substituer à ces substances le sirop de fécule dans la fabrication du pain d'épice, et peut être aussi dans la nourriture que l'on donne pendant l'hiver aux mouches à miel.

Le sirop de fécule a été appliqué par M. Payen, avec succès et une économie marquée à la préparation d'un cirage pour les chaussures. Dans cette opération, que l'on a décrite plus loin, l'acide sulfurique, employé à la saccharification, est encore utile pour réagir sur le noir d'*ivoire*.

PARAGRAPHE XLIV.

Emploi des résidus de la fabrication du sirop de pommes de terre.

On obtient deux sortes de résidus en préparant le sucre d'amidon par les procédés que nous avons indiqués : l'un se compose de sulfate de chaux pour la plus grande partie, d'un peu de sous-carbonate de chaux, des tégumens de la fécule, et des dernières portions de sirop que les lavages n'ont pu enlever; l'autre est formé de charbon animal, d'albumine, de sulfate de chaux, et d'une petite quantité de solution sucrée restée malgré les lavages.

Ces deux résidus, et le second surtout, forment d'excellens engrais : desséchés spontanément et répandus en petite quantité sur les prairies artificielles, ils activent puissamment la végétation. Lorsque, dans la fabrication du sirop, l'on a employé les tubercules cuits et délayés, ou la pulpe tout entière, le premier résidu, renfermant une grande partie de l'albumine végétale, constitue un meilleur engrais que celui qui résulte du traitement de la fécule isolée.

Dans une localité où le charbon animal coûterait très-cher, on pourrait trouver de l'avantage à le faire servir deux fois; et, pour cela, il suffirait de le calciner au rouge cerise, dans des vases clos, et de le broyer ensuite dans un moulin à farine. Cette sorte de *revivification* ne rend pas au charbon animal toute sa vertu première; aussi faut-il en employer environ un quart de plus que la première fois pour produire le même effet.

PARAGRAPHE XLV.

Préparation d'un cirage pour les chaussures.

On fait usage de plusieurs compositions, dites *cirages*, pour noircir les chaussures et leur donner une sorte de vernis brillant; l'un des cirages qui s'est le plus employé, se préparait avec du *noir de fumée*, délayé en pâte, avec une petite quantité d'alcool, puis battue vivement avec des blancs d'œufs; on l'employait en l'étendant en une seule couche sur la chaussure, à l'aide d'un pinceau, et le laissant sécher spontanément. Ce cirage, peu coûteux, d'une préparation et d'un usage faciles, offrait quelques inconvéniens qui l'ont fait abandonner presque généralement : une grande sécheresse le faisait écailler dans tous les plis du cuir; une petite quantité d'eau ou l'humidité le détrempaient, et le plus léger frottement suffisait pour le faire détacher.

Depuis plusieurs années on a substitué à l'ancien cirage aux œufs une composition à la préparation de laquelle on emploie du noir d'ivoire, de la mélasse, de l'acide sulfurique, de l'acide hydrochlorique; du vinaigre, de la gomme de pays, de l'huile de lin ou d'olive. Pour lui donner une odeur agréable, on ajoute ordinairement une petite quantité d'une huile essentielle aromatique.

En Angleterre et en France, la préparation de ce cirage forme une branche d'industrie assez importante, la force de la machine à vapeur y est appliquée. M. Payen a indiqué, il y a plusieurs années, un procédé économique pour obtenir un cirage semblable; on le trouve décrit dans le 5e volume du Dictionnaire technologique, d'où nous avons extrait les détails qui suivent.

Les avantages de ce procédé consistent surtout à remplacer la mélasse et la gomme par la fécule de pommes de terre, ou les tubercules eux-mêmes saccharifiés par l'acide sulfurique.

Voici les ingrédiens qui entrent dans sa composition, et leurs proportions relatives :

Noir d'ivoire (1), 3500 grammes.
Fécule sèche, 3500 *id.* ou 14 kil. de pommes de terre.
Acide sulfurique à 66° ou 1845 de poids spécifique, 450 grammes.
Acide hydrochlorique du commerce, 450 grammes.
Vinaigre ou acide acétique faible, 1700 grammes.
Huile de lin ou d'olives, 200 grammes.

On délaie la fécule ou la pomme de terre cuite et écrasée dans de l'eau tiède (à 45 degrés environ), puis on la verse peu à peu, et par petites portions ajoutées successivement, dans l'acide sulfurique étendu de dix fois son poids d'eau, en ayant soin de ne pas arrêter l'ébullition, et d'agiter continuellement tout le liquide. Deux ou trois minutes après que la dernière addition a été faite, l'amidon est complètement saccharifié; il faut enlever la bassine de dessus le feu, afin d'éviter que le sucre formé se caramélise, on laisse refroidir; et, pendant ce temps, on délaie le noir d'ivoire dans l'eau; on y ajoute peu à peu l'acide muriatique, en remuant avec une spatule en bois; on verse ensuite peu à peu toute la liqueur sucrée, acide, ensuite le vinaigre et l'huile d'olives; enfin on complète avec de l'eau le volume de 17 litres, ce qui produit 70 bouteilles de cirage d'un quart de litre chaque. Il faut bien agiter le mélange au moment de le mettre en bouteilles, afin que les parties de densités différentes ne se séparent pas, et secouer vivement, pour la même raison, la bouteille au moment d'en faire usage.

Le cirage, que l'on doit expédier au loin, ou qui peut rester long-temps dans les boutiques des marchands, est susceptible d'entrer en fermentation; et la grande quantité d'acide carbo-

---

(1) On donne ce nom dans le commerce au charbon d'os choisis, broyé à l'eau.

nique, qui se développe pendant la conversion de la matière sucrée en alcool, détermine par fois, dans les bouteilles, une pression capable de les faire casser, ou, lorsqu'on les débouche, de faire projeter au-dehors une grande partie du cirage devenu mousseux : on se fait aisément une idée de ce que peuvent avoir de désagréable de semblables accidens. Pour les prévenir, il suffit de porter à l'ébullition, soutenue pendant 15 à 20 minutes, les bouteilles bouchées et remplies seulement aux neuf dixièmes de leur capacité. Suivant le procédé de conservation de M. Appert, on atteindrait probablement le même but en mêlant au cirage une petite quantité d'acide sulfureux.

La composition dont nous venons de donner la recette, étendue sur le cuir en couches minces, et frottée, encore humide, avec une brosse un peu rude, acquiert une sorte de poli brillant et d'un beau noir; elle adhère fortement au cuir, et n'est pas enlevée par le frottement, même à l'air humide; elle ne s'écaille pas à l'air sec, même dans les plis des chaussures. L'acide hydrochlorique, employé dans la préparation, forme un sel déliquescent qui, attirant l'humidité de l'air, entretient la souplesse du cuir, et évite l'apparence terne qui résulterait de la présence du sulfate de chaux seul.

PARAGRAPHE XLVI.

Fabrication de l'eau-de-vie de pommes de terre.

Depuis long-temps on sait que les pommes de terre cuites, réduites en bouillie et mises à chaud, en contact avec de l'orge germée et concassée, sont susceptibles de fermenter et de donner une grande quantité d'alcool. Ces résultats ont été fournis par la pratique de la fabrication en grand de l'eau-de-vie de pommes de terre. La théorie cependant était en défaut pour expliquer ces faits constans; puisqu'en effet, parmi les principes immédiats que l'analyse chimique est parvenue à extraire des végétaux, le sucre seul a la propriété de subir la fermentation alcoolique, et que, dans la pomme de terre, on n'a pas rencontré cette substance.

M. Kirchoff, chimiste de Saint-Pétersbourg, démontre que la réaction du gluten sur la fécule convertit celle-ci, à l'aide de la chaleur, en une substance soluble, sucrée, susceptible de subir, par son mélange avec la levure, la fermentation alcoolique; dès-lors il fut facile d'expliquer la formation de l'alcool dans l'opération des distillateurs de pommes de terre; on reconnut qu'il se formait d'abord du sucre aux dépens de la fécule, et que la réaction de la levure produit ensuite l'alcool. Nous donnerons plus loin quelques détails sur cette dernière réaction, sur ses produits et sur les moyens de la favoriser.

Saccharification de la pomme de terre. — Cette opération, qui doit précéder la mise en fermentation, se fait de la manière suivante :

Après avoir fait cuire à la vapeur et réduit en bouillie les tubercules, lavez préalablement le tout par les procédés économiques que nous avons décrits dans le paragraphe XVI. On dépose cette bouillie, encore toute chaude, à 35 ou 40 degrés, dans une cuve d'une contenance de 14 hectolitres environ, si l'on veut obtenir 12 hectolitres de bouillie disposés à la fermentation : c'est le produit de 400 kilogrammes de tubercules. On ajoutera à cette bouillie 25 kilogrammes d'orge maltée. On brasse alors fortement ce mélange, à l'aide d'un rable en bois ; on laisse en repos pendant 20 à 30 minutes ; puis, pendant que deux hommes recommencent à brasser fortement, on fait arriver un courant d'eau bouillante jusqu'à ce que le mélange soit à une température de 50 à 55 degrés. On laisse la macération s'opérer spontanément, pendant deux ou trois heures, en tenant la cuve couverte; alors on complète le volume total de 12 hectolitres, avec une quantité d'eau nécessaire, à un degré tel que toute la masse soit au degré de température convenable pour la fermentation, c'est-à-dire à 25 degrés environ.

On ajoute alors deux litres de levure épaisse, et la plus fraîche possible; la fermentation commence quelques heures après, et continue avec une activité que l'on soutient, en entretenant, dans le lieu où elle s'opère, une température égale, etc.

En suivant ce procédé, on ne parvient pas, de prime abord, à saccharifier complètement toute la fécule : on remarque, en effet, à peine un léger changement dans la saveur devenue seulement un peu plus douce, de la bouillie de pommes de terre, et son aspect reste le même. La saccharification continue à s'opérer à une température plus basse, en même temps que les parties, déjà converties en sucre, subissent la fermentation alcoolique; aussi la conversion en sucre, et par suite en alcool, restent-elles incomplètes. On trouvera facilement la cause qui empêche l'amidon, dans la pomme de terre cuite, d'être promptement attaqué par les agens de la saccharification, en se rappelant que chaque grain de cette fécule est enveloppé d'un tégument solide, que celui-ci résiste, dans les tubercules entiers, à l'action de la chaleur, en raison de l'albumine végétale qui se coagule et le resserre par la même action du calorique (1).

Outre les inconvéniens attachés au procédé, fort simple du reste, que nous venons de décrire, se joignent tous ceux qui,

(1) C'est peut-être en dissolvant ou diminuant la cohésion de l'albumine végétale, que la potasse est employée avec un grand succès par monsieur Siemen, de Copenhague, agit utilement dans la préparation de la bouillie des pommes de terre, pour la conversion en alcool. Ce procédé consiste tout simplement dans l'addition d'un milième environ de potasse caustique dans les tubercules cuits, au moment de leur reduction en bouillie : cette addition paraît singulièrement favoriser la saccharification et la fermentation alcoolique; celle-ci est bien plus vive, et produit une grande quantité de levure convenable pour les fermentations suivantes, et dont on peut vendre la plus grande partie qui se trouve en excès.

comme on le sait, sont inhérens à la distillation des substances pâteuses. La Société royale d'Agriculture de Paris a reconnu l'importance des modifications apportées à ce procédé par M. Dubrunfaut, sans nuire à la simplicité et à l'économie qu'exigent les opérations de l'industrie agricole. Ce sera du Mémoire couronné par cette Société, que nous extrairons les détails de ces modifications indiquées dans le paragraphe suivant.

PARAGRAPHE XLVII.

Saccharification de la pulpe de pommes de terre.

Après avoir déchiré les tubercules au moyen de la râpe de Burette, décrite dans le paragraphe XVII, on place cette pulpe sur un lit de paille, maintenu sur un double fond percé de trous, d'une cuve semblable à celles dont les brasseurs font usage pour la trempe de leurs grains.

La cuve doit être d'une contenance de huit à neuf hectolitres, pour que l'on y puisse faire macérer la pulpe d'environ 400 kilogrammes de tubercules : une partie de l'eau de végétation des pommes de terre s'égoutte spontanément; elle se rassemble entre les deux fonds; on la soutire à l'aide d'un robinet. Après une demi-heure ou une heure d'égouttage, on ferme le robinet; deux ouvriers s'arment chacun d'un rable en bois, et brassent fortement toute la masse, tandis que l'on fait arriver un courant d'eau bouillante par-dessus la pulpe. On ajoute ainsi environ 500 litres d'eau, et toute la masse doit être épaissie en une sorte de gelée que forme l'amidon converti en empois. On ajoute alors environ 25 kilogrammes d'orge germée, réduite en farine, que l'on répartit, le plus également possible, dans toute la masse, en agitant le mélange dans tous les sens; puis on laisse la macération s'opérer pendant trois ou quatre heures, en maintenant la cuve couverte.

Après cette macération, la plus grande partie de l'empois, converti en substance sucrée, est devenue fluide; on soutire tout le liquide qui peut s'écouler, en filtrant, sur le double fond; on conduit ce liquide dans la cuve à fermentation; on fait couler dans la cuve à double fond environ deux hectolitres d'eau bouillante; on brasse fortement; on laisse en repos pendant un quart-d'heure, et l'on soutire, comme la première fois, le liquide pour le conduire encore dans la cuve à fermentation.

Alors, afin d'achever d'épuiser le marc de pulpe resté sur le fond de la cuve, et de refroidir toute la masse saccharifiée au degré convenable à la fermentation, on continue la filtration en faisant arriver de l'eau froide sur le marc.

En opérant de cette manière, on épuise la pulpe de la plus grande quantité du liquide sucré dont elle était imprégnée; il peut cependant être avantageux de rendre son épuisement plus complet; en la soumettant à l'action d'une forte presse, le marc comprimé est plus propre à la nourriture des bestiaux, et l'on tire parti du liquide qui en sort en le joignant au moût et aux eaux de lavages dans la cuve à fermentation.

Tous les liquides, réunis et mélangés, doivent marquer environ 5 degrés à l'aréomètre de Beaumé, et la température de ce mélange être à 25 ou 30 degrés. On peut alors mettre en levain en ajoutant environ deux litres de levure fraîche.

PARAGRAPHE XLVIII.

Saccharification de la fécule.

Cette seconde modification du procédé de M. Dubrunfaut s'opère de la manière suivante :

On pèse 80 à 85 kilogrammes de fécule sèche, ou 120 à 127 kilogrammes de fécule égouttée; on met la fécule dans une cuve d'une contenance d'environ 12 hectolitres; on la délaie avec environ deux fois son poids d'eau froide, en ayant soin d'agiter constamment le mélange, afin d'éviter que la fécule se dépose et devienne bientôt tellement compacte qu'il serait assez pénible de la délayer de nouveau.

Pendant que la fécule est ainsi tenue en suspension dans l'eau, à froid, on fait arriver, par un filet peu abondant, cinq à six cents litres d'eau bouillante. Toute la masse s'épaissit par degrés; et avant que la totalité de l'eau bouillante ait été versée, le mélange a déjà pris l'aspect gélatineux, opalin, que l'on connaît à l'empois d'amidon; il devient bientôt sensiblement plus clair. On ajoute alors 20 à 25 kilogrammes d'orge maltée et moulue fine, et l'on brasse bien toute la masse. Lorsque le mélange est opéré, ce qui exige environ dix minutes, la liqueur est devenue presque limpide. On laisse en repos pendant trois ou quatre heures; à cette époque de l'opération, le liquide a contracté un goût sensiblement sucré; on ajoute une quantité d'eau suffisante pour compléter onze cents kilogrammes, et la température de ce moût étant à 22 ou 25 degrés, et sa densité représentée par 5 degrés de l'aréomètre de Beaumé, on y ajoute un litre de bonne levure fraîche, délayé dans quatre litres d'eau froide; on brasse fortement, et on laisse la fermentation se développer, en la favorisant par les soins que nous détaillerons plus loin.

Le mode de saccharification que nous venons d'exposer, et celui qui précède, sont bien supérieurs aux anciens procédés de fermentation des tubercules, et même à la trempe des pommes de terre cuites à la vapeur : en effet, ils donnent des produits plus abondans sans exiger plus de frais, évitent les dépôts dans la cucurbite, et, par suite, de l'alcool exempt de goût d'empyreume.

PARAGRAPHE XLIX.

Fermentation et distillation du moût de pommes de terre.

Dans les paragraphes précédens nous avons indiqué plusieurs moyens de prédisposer la pomme de terre ou sa fécule à la fermentation ; tous se réduisent à convertir la plus grande partie de l'amidon en substance sucrée. Cette opération préliminaire est d'une grande importance, puisque la fécule ne peut immédiatement développer la *fermentation alcoolique*, tandis que le sucre subit directement toutes les périodes de la fermentation qui produit l'alcool. De quelque manière, au reste, que l'on ait saccharifié la pomme de terre ou la fécule, pour mettre le liquide sucré obtenu dans les circonstances les plus favorables à la production de l'alcool, il faut suivre la même marche.

On étend d'eau jusqu'à ce que le liquide marque 5 à 6 degrés à l'aréomètre de Beaumé ; il faut que la température du liquide soit à 22 ou 25 degrés, et celle du lieu où la fermentation doit s'opérer, entretenue constamment au même degré ; de plus, les cuves doivent être garanties par tous les moyens possibles de refroidissemens partiels, et, pour cela, on les enveloppe de chiffons de laine ; on évite qu'il s'établisse des courans d'air dans l'étuve ; et pour que l'air atmosphérique ne s'introduise pas en grande masse lorsqu'on entre dans cette pièce, on y place des doubles portes.

Aussitôt que l'on a mis la quantité d'eau utile au degré convenable, et que le mélange est opéré à l'aide de quelques coups de rable, on délaie, pour mille à onze cents litres de liquide à fermenter, un litre de levure comprimée, fraîche, dans trois à quatre litres d'eau ; on verse dans la cuve, et l'on brasse fortement pendant quelques minutes ; on pose alors le couvercle que l'on recouvre de laine, et on laisse la fermentation s'établir et suivre toutes les périodes.

Bientôt un mouvement tumultueux, résultant du dégagement de l'acide carbonique, se produit dans toute la masse ; il amène, à la superficie, des écumes plus ou moins abondantes, suivant que le liquide est plus ou moins visqueux.

De temps à autre, on s'assure de l'état de la fermentation, au moyen d'un regard ménagé au couvercle : pendant trois à huit jours, suivant que les conditions indiquées sont plus ou moins bien observées, le dégagement d'acide carbonique a lieu en grande quantité, et l'écume continue a être soulevée ; et dès que le mouvement se ralentit, que l'écume s'affaisse, que le goût sucré du liquide a disparu, la plus grande production d'alcool est ordinairement développée ; il faut se hâter de l'extraire au moyen de la distillation, afin d'éviter qu'une fermentation intestine ne donne lieu à la production du vinaigre.

Si la cuve est d'une grande dimension, relativement à l'alambic, et que la distillation de tout ce qu'elle contient ne puisse être faite en un jour, on doit soutirer tout le liquide dans des barriques sur lesquelles on pose légèrement la bonde ; puis on recharge immédiatement la cuve avec une nouvelle quantité de liquide préparée comme la première fois.

Les appareils distillatoires, qui présentent le plus d'avantages dans un travail en grand, sont ceux qui fonctionnent d'une manière continue ; et, parmi ces derniers, on donne, avec raison, la préférence à ceux que fait construire M. Derosne, pharmacien de Paris : ils sont susceptibles encore de quelques perfectionnemens ; mais donnent déjà de fort bons résultats.

La facilité avec laquelle on se procure tous les renseignemens utiles sur la conduite de ces appareils, en s'adressant au constructeur, nous dispense d'en faire une description détaillée.

PARAGRAPHE L.

Observation nouvelle sur la fécule et sur sa structure.

Dans un mémoire sur la fécule, lu à la Société philomatique, le 6 août 1825, M. Raspail a donné les détails suivans.

1° La fécule est toujours libre dans les cellules des végétaux. Elle se présente au microscope sous la forme de grains arrondis, durs, transparens, et qu'on ne saurait mieux comparer qu'à des perles de nacre.

Ces grains affectent des formes différentes non-seulement dans des végétaux différens, mais encore dans le même végétal; il en est de même de leur diamètre. Ainsi, en prenant pour *micromètre* un grain de pollen de froment, on voit que ce grain pourrait se mouvoir librement dans un des plus gros grains de fécule de pomme de terre, tandis que le plus gros grain de fécule de froment atteint à peine la moitié du diamètre d'un grain de pollen du même végétal. Les plus gros grains de fécule d'*arum* et d'*orchis* sont loin d'égaler le diamètre d'un des plus gros grains de fécule de froment.

Le diamètre des grains de fécule augmente même avec l'âge de la plante. Dès que l'iode indique la présence de la fécule dans le périsperme d'un ovaire de blé, les grains sont réduits à leur plus petit diamètre; mais à mesure que l'ovaire approche de la maturité, on y voit successivement paraître des grains de six à sept diamètres différens. Les grains de fécule de froment affectent exclusivement la forme sphérique, qui se remarque encore sur les grains d'*orchis* et d'*arum*, etc. (1)

---

(1) L'un de nous a remarqué, depuis la publication du mémoire de M. Raspail, que les grains de la fécule d'igname sont tous allongés : leur forme a la plus grande analogie avec celle des cocons de vers à soie. *Voyez* le n° 3 de la fig. 7, planche 2.

Les grains de fécule de pomme de terre, au contraire, revêtent une foule de formes, depuis la sphérique, qui est celle des plus petits, jusqu'à la forme triangulaire arrondie et plus ou moins irrégulière, qui est celle des plus gros.

Quand on met la teinture d'iode en contact avec ces grains, on les voit passer du carmin au bleu transparent, de celui-ci au bleu opaque, selon qu'on augmente les doses d'iode, et cela sans qu'ils changent en rien de leur forme; ils ressemblent alors assez bien à des grains de *verre de couleur*.

Si l'on verse sur ces grains, ainsi coloriés, une solution de sous-carbonate de soude ou de potasse, ou bien de l'ammoniaque, on les décolore complètement, sans qu'ils subissent le moindre changement dans leurs proportions ni dans leurs formes. On peut, autant de fois que l'on veut, les colorer par l'iode et les décolorer par l'alkali; ils n'en conservent pas moins leur transparence nacrée et leurs formes arrondies.

2° Ces formes toujours simples et isolées, cet état de liberté dans lequel les grains se trouvent toujours les uns à l'égard des autres; phénomène, en général, qui exclut toute idée de cristallisation; enfin l'inaltérabilité de ces formes, soit dans la coloration produite par l'iode, soit dans la décoloration produite par l'alkali, tout faisait penser à M. Raspail qu'il n'y aurait rien d'impossible que ces grains participassent de la nature d'une foule d'autres organes des végétaux; c'est-à-dire, que ces grains fussent composés d'un tégument extérieur et d'une substance qui y serait renfermée, et qui posséderait à elle seule les propriétés que prend l'amidon dans l'acte de l'ébullition.

Une foule d'expériences, qu'il a entreprises pour poursuivre cette idée, semblent en démontrer l'exactitude, et la manière dont l'auteur les a variées, les met à l'abri de toutes les causes d'erreur qu'on pourrait imputer aux illusions microscopiques.

Si l'on expose sur la pointe d'une lame de couteau de la

fécule à la chaleur des charbons incandescens, et qu'on la retire à l'instant où les premières couches sont carbonisées pour la jeter sur de l'alcool très-étendu d'eau, placé d'avance sur le porte-objet du microscope, on peut voir quelquefois un liquide oléagineux sortir d'un grain de fécule; et à la place du grain rester un tégument transparent comme le grain, mais plissé, et ne se dessinant plus qu'au simple trait, tandis que le grain non encore vidé se colorait facilement en noir sur le contour.

Le *porte-objet* se couvre bientôt de ces tégumens; et, en leur imprimant un mouvement de rotation, on peut très-bien reconnaître leur forme vésiculeuse. L'iode les colore comme les grains de fécule, sans qu'ils changent de forme ou de dimension.

La fig. 7 de la planche 2 montre la forme de ces grains :

N° 1. Fécule de pomme de terre.

N° 2. La même, après que la plus grande partie de la substance intérieure est sortie, et laisse voir les tégumens.

N° 3. Fécule d'igname dont tous les grains ont une forme elliptique.

N° 4. Fécule de batate semblable à celle d'orchis de blé, etc.

Quand on verse de la fécule dans l'eau chaude, soit avant l'ébullition, soit pendant l'ébullition, et quand même on continuerait l'ébullition pendant trois quarts-d'heure, les mêmes tégumens, avec leur forme et leur aspect, se présentent toujours sur le *porte-objet*. Si la fécule a été très-étendue d'eau, afin d'empêcher le liquide de s'épaissir, et que l'on abandonne la solution à elle-même, tous ces tégumens se précipitent sous la forme d'une matière blanche comme la neige, et on peut les obtenir isolément en les lavant sur un filtre. Si l'on place sur le *porte-objet* une goutte d'acide concentré, soit sulfurique, soit nitrique, soit surtout hydro-chlorique, et qu'on y fasse parvenir un grain de fécule, on voit bientôt ce grain disparaître sous un liquide gommeux, blanc et diaphane, l'acide s'épaissit; mais en l'étendant d'une goutte d'eau, on retrouve sur le *porte-objet* le tégument du grain que l'on peut colorer par l'iode de la même manière que le grain lui-même.

Quand on fait cette opération plus en grand, on sent qu'il se dégage beaucoup de calorique. Pour que la conversion ait lieu d'une manière complète, il faut avoir soin, par l'agitation, de tenir la fécule, délayée dans un peu d'eau en la versant dans l'acide, surtout dans l'acide sulfurique, afin d'empêcher la formation des grumeaux; car les grains qui seraient enveloppés par ces grumeaux resteraient intacts, ainsi que les grains qu'enveloppent les grumeaux mis dans l'eau bouillante.

3° M. Raspail conclut de l'identité des résultats de ces expériences, que l'action de la chaleur seule produit ces phénomènes dans les acides comme dans l'eau.

La substance que renferment ces tégumens s'y trouve, à la température ordinaire, à l'état solide; dilatée par le calorique, ainsi que son tégument, elle s'échappe dans le liquide qui doit lui servir de véhicule. Si elle ne rencontre point ce véhicule, elle casse, mais ne se fond pas entièrement.

4° Les tégumens de la fécule, suivant M. Raspail, se conservent dans les acides concentrés pendant des mois entiers sans s'y altérer.

M. Raspail pense que la gomme n'est que la substance de l'amidon dépouillée de ses tégumens, et modifiée par le contact prolongé avec l'air atmosphérique.

On s'était fait, depuis long-temps, d'autres idées sur la fécule amylacée; on la regardait comme formée de rudimens de cristaux plus ou moins prononcés. M. Raspail, dans le Mémoire qu'il a lu à l'Académie royale des Sciences, a indiqué une forme et une composition différentes de celles admises. Nous avons pensé ne pas nous éloigner de notre sujet en présentant un extrait de cet intéressant Mémoire.

PARAGRAPHE LI.

Culture de la pomme de terre en carré.

Ce mode de culture étant pratiqué avec succès en Allemagne, nous avons cru devoir l'indiquer dans cet ouvrage, parce qu'il peut être utilement mis en usage par ceux qui s'occupent en grand de la culture de ce tubercule.

MODE DE CULTURE.

On donne au terrain, que l'on veut ensemencer de pommes de terre, deux ou trois labours, afin de le rendre *meuble;* lorsque ces labours sont achevés, on trace des sillons avec la charrue, en les tenant à une distance de deux pieds les uns des autres, et tous dans le même sens de la pièce de terre; lorsque ceux-ci sont creusés, on en trace d'autres à la même distance, mais perpendiculaires aux premiers. Ceux-là servent à recouvrir la pomme de terre, qu'on place convenablement dans les premiers sillons, et de manière à obtenir une plantation en quinconce.

Lorsque, par l'acte de la végétation, la tige est parvenue à la hauteur de quatre à six pouces, on donne avec la charrue un premier binage, dans le sens des premiers sillons. On a soin, lors de ce labourage, de ne pas recouvrir le plant de terre; ce manque de précaution nuirait à la végétation. Quinze jours ou trois semaines après ce premier travail, on donne un second binage en faisant passer la charrue dans le sens opposé; enfin, peu de jours avant la floraison, on donne un troisième binage, dans le même sens des premiers sillons.

Les plantes se trouvent, par ce mode de culture, éloignées les unes des autres par un espace de deux pieds et demi; la distance de deux pieds seulement serait suffisante, si la plantation était faite sur des lignes parfaitement droites et tirées au cordeau; mais le temps nécessaire pour prendre l'alignement serait trop considérable, on a donc de l'avantage à fixer les intervalles à deux pieds et demi.

Les Allemands, qui pratiquent la culture en carré, se servent d'une charrue attelée de deux bœufs ou de deux chevaux, et conduite par un enfant; le mode de labour et le nombre d'animaux de trait doit varier selon que le terrain est plus ou moins meuble, et suivant le pays et les animaux qui sont employés au labourage.

PARAGRAPHE LII.

Culture de la pomme de terre dans des lieux privés de lumière. (1)

L'expérience suivante étant très-intéressante, nous avons cru devoir en faire mention ici.

Une personne qui avait un coin de sa cave dont elle ne tirait aucun parti, mêla à du sable de rivière, qui se trouvait dans ce lieu, de la terre, dans les proportions de deux parties de sable et d'une partie de terre; elle plaça, au mois d'avril, dans ce mélange, des pommes de terre jaunes; ces tubercules germèrent promptement, se développèrent : en novembre elles avaient produit des tubercules de grosseur moyenne, leur peau était mince, la pulpe féculente était d'un goût agréable. Ces pommes de terre restèrent, comme on le voit, six mois à végéter, sans culture et sans le concours de la lumière. D'après l'auteur, trente-deux tubercules de moyenne grosseur donnèrent un produit évalué approximativement à un demi-boisseau.

L'auteur a cru pouvoir conclure de cet essai, que nous

(1) Cet article est extrait d'un journal allemand.

9.

n'avons pas répété, que la culture de la pomme de terre pourrait être pratiquée avec avantage dans les lieux souterrains, et particulièrement dans ceux qui se trouvent dans les places fortes.

PARAGRAPHE LIII.

Moyen de sécher les pommes de terre qui ont été accidentellement recouvertes d'eau.

Le procédé suivant a été indiqué pour dessécher et conserver les pommes de terre qui auraient été recouvertes d'eau.

On place, au fond d'un tonneau, n'ayant aucune mauvaise odeur, une couche de sable sec, de grès, ou mieux encore de cendres; sur cette couche on en forme une de tubercules, on recouvre celle-ci de cendre. On place de nouveau des tubercules, et successivèment de la cendre et des pommes de terre; on termine l'arrangement par une dernière couche de cendre. Ce mode d'opérer conserve parfaitement des tubercules qui sans cela n'auraient pu être gardés : l'ayant essayé comparativement, on a observé que les tubercules ainsi conservés purent servir d'aliment, tandis que ceux qui furent desséchés à l'air seulement ne purent être employés.

PARAGRAPHE LIV.

Application de quelques parties de la plante à l'art de la teinture et au nettoiement des étoffes.

La pomme de terre, comme nous l'avons démontré, a été appliquée à une foule d'opérations, elle fut aussi le sujet d'applications faites à l'art de la teinture; quoique celles-ci n'aient pas été répétées, on ne doit pas manquer de les faire connaître; elles pourront sans doute être le sujet de méditations et de recherches nombreuses, susceptibles de conduire à de nouvelles découvertes.

Emploi de l'eau de végétation pour la teinture en gris.

M. Fouques ayant reconnu que du linge qui avait été lavé chez le savant philantrope Cadet-de-Vaux, dans l'eau séparée des tubercules, avait pris une belle couleur grise, chercha, par des expériences directes, à reconnaître si cette eau ne pourrait pas être appliquée à donner au fil la même teinte. Dans ce but, M. Fouques fit préparer, au moyen de la râpe, une certaine quantité de pulpe de pomme de terre; lorsqu'elle fut obtenue on la soumit à l'action de la presse, et l'on recueillit le liquide qui en sortit; ce liquide fut placé dans une bassine et amené à l'ébullition; on y trempa alors des écheveaux de fil et de coton, on continua pendant quelque temps l'ébullition; on retira ensuite ces écheveaux, dont les fils s'étaient colorés en gris. On soumit le fil ainsi teint à l'action de l'eau de savon, et plusieurs savonnages n'altérèrent en rien leur couleur. Après toutes ces opérations, et lorsqu'ils furent secs, les écheveaux furent présentés à des fabricans de nankin français et de calicots : tous furent d'accord sur la beauté de cette teinture; ils en demandèrent la recette, afin, dirent-ils, de l'utiliser dans leurs fabriques.

Couleur donnée par la fleur du solanum.

Le procédé suivant est dû à un chimiste de Copenhague. Ce chimiste annonça, en 1817, dans les journaux scientifiques, qu'il avait découvert dans la fleur du *solanum*, une matière susceptible d'être employée en teinture; il indiqua le moyen suivant d'en faire l'application. On coupe le haut de la tige de la pomme de terre lorsque la plante est en fleur; on réduit en pulpe ces sommités; on enferme cette pulpe dans un sac de toile, et on porte à la presse; par la pression on sépare un liquide que l'on recueille et qu'on laisse déposer. Après que ce liquide est éclairci, on le fait chauffer, et on y fait tremper de la toile, du fil, du coton et même du drap, on laisse macérer ces substances pendant 48 heures; au bout de ce temps on retire du bain, on lave et l'on fait sécher. Suivant l'auteur, les substances ainsi immergées ont acquis une belle couleur jaune; cette couleur est solide et durable. En les plongeant dans une teinture bleue, elles acquièrent une belle couleur verte qui est d'une solidité parfaite.

De l'emploi de l'eau retirée de la pulpe, pour le nettoyage des étoffes de coton, de laine et de soie.

C'est à M. Moris qu'est dû l'emploi du liquide contenu dans les pommes de terre, pour nettoyer diverses étoffes, et particulièrement les tissus de coton, de laine et de soie. Son procédé d'application a paru assez important à la Société d'encouragement de Londres, pour que cette société ait jugé convenable de lui en témoigner sa satisfaction, en lui décernant une récompense de quinze guinées.

MODE DE PRÉPARATION DE L'EAU DESTINÉE A NETTOYER LES TISSUS.

On prend des pommes de terre, on les débarrasse le plus possible de la terre qui les recouvre; on les jette ensuite dans un baquet, on les laisse tremper quelques heures; au bout de ce temps on les retire, et avec une brosse on achève de les nettoyer; lorsqu'elles sont ainsi privées de toutes les matières qui les accompagnent et qui pourraient nuire à l'opération, on les réduit, au moyen de la râpe, en une pulpe que l'on reçoit sur un tamis placé au-dessus d'un vase contenant une petite quantité d'eau. L'eau contenue dans la pulpe s'échappe en partie par l'action de la pesanteur de la pulpe; elle coule dans le vase placé au-dessous du tamis. On achève, par la pression, de faire sortir l'eau qui est dans la pulpe; on peut ensuite se servir de celle-ci pour en retirer la fécule.

On laisse déposer le liquide ; on en sépare la partie solide (la fécule qui s'est précipitée) ; on garde l'eau pour s'en servir comme nous allons l'indiquer.

On étend sur une table bien nette, légèrement inclinée et recouverte d'une toile bien propre, l'objet qu'on veut nettoyer; on frotte légèrement cette étoffe avec une éponge qui a été trempée dans le liquide séparé des pommes de terre; on recommence à plusieurs reprises cet espèce de lavage, et lorsqu'on a terminé on rince les objets lavés dans de l'eau bien claire. On porte ensuite ces objets à sécher : ils sont parfaitement propres quand l'opération a été bien conduite.

PARAGRAPHE LV.

Application de la pomme de terre à la fabrication de la soude.

Tous les auteurs ont démontré que lorsqu'on prépare une lessive avec la soude artificielle, cette lessive peut varier suivant le mode d'opérer : si l'on s'est servi d'eau froide, la solution obtenue ne contenant pas une grande proportion d'hydrosulfate et d'hyposulfite, peut servir au blanchîment, et être employée sans crainte de tacher le linge; mais en agissant de cette manière on n'obtient pas la plus grande quantité possible de sel de soude. Si au contraire la solution a été préparée à l'aide de la chaleur, le produit est plus considérable, mais contenant beaucoup d'hydrosulfate et d'hyposulfite, il ne peut guère être employé sans inconvénient. Le procédé suivant, usité dans une des grandes manufactures de soude de l'Ecosse, a pour but de détruire les hydrosulfates et les hyposulfites contenues dans le lavage, obtenu à chaud, des soudes.

factices : il a été regardé comme un perfectionnement utile, qu'il est important de faire connaître. (1)

On met, dans une grande chaudière de plomb (et mieux de fonte), les solutions de sous-carbonate de soude qui contiennent des hydrosulfates et des hyposulfites (les eaux mères, ou la solution obtenue par la chaleur, de la soude factice). On ajoute à ces liquides salins, des pommes de terre que l'on a nettoyées au moyen de la brosse et de l'eau; ces tubercules ajoutés dans la proportion de 30 livres de pommes de terre pour 1000 livres de sel dissous (2); on fait bouillir et évaporer. On ajoute, si l'on veut, pendant l'opération, de nouvelles quantités de solution et de tubercules (toujours dans les mêmes proportions); on continue l'évaporation; pendant celle-ci, les pommes de terre cuisent dans la liqueur, par le degré de température qui est supérieur à celui de l'eau bouillante, puisque la liqueur est chargée de sel, et par le mouvement d'ébullition, elles se divisent; on continue l'évaporation, et sur la fin, lorsque le produit s'épaissit, on brasse fortement la matière, de manière à en faire une masse homogène que l'on agite sans cesse; la matière ne pouvant être desséchée entièrement dans la bassine de plomb qui pourrait se fondre, on porte la masse dans une chaudière de fonte (si on ne l'a pas fait d'abord) : dans celle-ci on achève de dessécher le produit. La dessication étant terminée, on porte la matière saline sur le sol d'un fourneau à calciner, et l'on chauffe; pendant que la calcination s'opère, il y a dégagement de vapeurs épaisses d'hydrosulfate d'ammoniaque (3), et conversion des hydro-

(1) Ce procédé est particulièrement appliqué au traitement des eaux mères, d'où l'on a extrait le sous-carbonate de soude.

(2) On apprécie, soit par un pèse-sel, soit en faisant évaporer une partie de la liqueur, la quantité de sel qu'elle tient en solution.

(3) Ce produit, dans la manufacture établie en Ecosse, est recueilli; il est ensuite décomposé par l'acide hydrochlorique, et converti en hydrochlorate d'ammoniaque. (*Voyez* le Manuel du manufacturier, par M. Pelouze : Paris, 1825).

sulfates en sel de soude propre au lessivage. Le sel de soude obtenu est mêlé de sulfates et d'hydrochlorates; mais il est exempt d'hydrosulfates et d'hyposulfites. Le produit, ainsi obtenu, est une excellente préparation qui peut être livrée au commerce et employée avec avantage dans les blanchisseries. On peut, à défaut de pommes de terre, employer des graines de céréales, ou du son, provenant de ces mêmes graines; mais le bas prix des pommes de terre doit leur faire accorder la préférence.

Dans l'opération dont nous venons de rendre compte, en ajoutant des pommes de terre à la solution, on a pour but d'introduire, avec le sel, du charbon divisé : celui-ci se trouve en contact avec l'hydrosulfate, au moment de la combustion. L'acide carbonique qui résulte de la combustion du carbone, s'unit à l'alcali, dégage l'acide hydrosulfurique qui était combiné avec lui. La matière azotée ayant donné naissance à de l'ammoniaque, ce produit, en se volatilisant, rencontre l'acide hydrosulfurique, s'unit à lui, et donne naissance à de l'hydrosulfate d'ammoniaque, qu'on peut recueillir comme nous l'avons dit (1). Ce travail, mis en pratique par nos fabricans de soude, donnerait des sels convenables au blanchîment, qui seraient préférables aux soudes que nous tirons encore de l'étranger, et qui enlèvent une partie du numéraire de la France.

PARAGRAPHE LVI.

Usage des pommes de terre contre le scorbut.

On sait que l'usage de la pomme de terre fut long-temps regardé en France comme pernicieux, causant des maladies

(1) Cette théorie est donnée par les auteurs du procédé : est-elle exacte ?

graves et des accidens fâcheux. Cette fausse idée, émise sur la pomme de terre, a été détruite par les faits : l'usage immense qu'on en fait chaque jour a prouvé son innocuité ; de nouvelles expériences prouvent non-seulement l'utilité de ce végétal comme aliment, mais encore ils révèlent de nouveaux sujets de ressentir toute la reconnaissance due aux auteurs de sa propagation.

La pomme de terre vient d'être indiquée comme nouveau moyen thérapeutique bon à mettre en usage contre le scorbut. Les marins qui ont voyagé dans les Indes, assurent que lors de leur embarcation, les Indiens ne manquent jamais de s'approvisionner de ce tubercule, qui leur sert tout-à-la fois d'aliment et de préservatif contre cette horrible maladie. Plusieurs capitaines de navires étrangers ayant eu connaissance de ce fait, se sont empressés de suivre cette méthode, qui leur donna les plus heureux résultats. M. Briffaut de la Garde, officier de marine, engagé par M. *Julia Fontenelle* (1) à prendre dans ses voyages des renseignemens à ce sujet, reconnut que les faits avancés étaient exacts ; il a interrogé un grand nombre de matelots qui lui ont certifié qu'ils s'étaient délivrés du scorbut, en faisant un long usage des pommes de terre tant soit peu cuites sous la cendre, mangées sans assaisonnement. M. le docteur Boché, dans un mémoire inédit sur le scorbut, annonce qu'étant sur mer, et qu'ayant à traiter plusieurs scorbutiques, il crut devoir céder aux instances qui lui furent faites par plusieurs matelots étrangers, qui lui vantaient les pommes de terre cuites comme un spécifique ; en conséquence il les leur administra ; les effets qui en résultèrent furent si satisfaisans qu'il parvint à guérir, par ce moyen, des matelots chez lesquels l'administration des médicamens les plus accrédités contre cette maladie avaient été inutiles.

Cette tentative, faite par M. Boché, mérite sous tous les

---

(1) Qui a bien voulu nous communiquer cet article.

rapports, de fixer l'attention des praticiens attachés à la marine; elle doit les engager à répéter des expériences utiles. Elle peut aussi servir d'exemple, et engager les médecins à tenter l'application de la pomme de terre au traitement du *scorbut de terre*; maladie qui, selon quelques médecins, n'est pas identique avec le scorbut causé par le séjour fait à bord des vaisseaux.

Des essais nombreux, tentés dans les hôpitaux civils et dans ceux de la marine, pourraient contribuer à éclairer la question, en prouvant la vérité ou l'inexactitude des résultats que nous venons d'annoncer, d'après le rapport de gens dignes de foi.

PARAGRAPHE LVII.

Examen de l'eau de végétation des tubercules.

Quelques auteurs ayant annoncé que l'eau contenue dans les tubercules du *solanum* était un excellent engrais, l'un de nous s'est joint à M. Dutremblay, pour déterminer, autant que possible, d'une manière exacte, quelle était la quantité de matière solide contenue dans ce produit végétal, et qui pouvait servir d'engrais.

Plusieurs expériences nous conduisirent à reconnaître que le produit liquide contenu dans la pulpe, contenait un dixième de son poids de *matière* solide. L'eau existant dans les tubercules, dans des proportions différentes, mais dont la moyenne peut être de 70 pour o/o, et le produit, en tubercules, provenant d'un hectare étant, terme moyen, de 275 hectolitres, chaque hectolitre pesant 150 liv., cet hectare donne un résultat de 41,250 liv. de tubercules, qui contiennent 28,907 liv. de liquide, renfermant 2490 livres de substance *fertilisante*, composée de sels et de matière *végéto animale*.

Cette eau, qui contient un engrais bien divisé, et qui peut être absorbée facilement par les végétaux, nous semble encore plus propre, à la fertilisation des sols, que l'eau de rouissage du chanvre et du lin, indiquée par sir Humphrey Davy, comme un très-bon engrais. L'eau de végétation des tubercules du *solanum*, serait facile à recueillir; les fabricans de fécule qui la laissent perdre, peuvent la recevoir dans des bassins d'où elle serait enlevée au moyen de tonneaux semblables à ceux destinés à l'arrosement public. Ces tonneaux, remplis de liquide, pourraient être conduits dans les champs, et l'eau répandue de manière à arroser le sol, soit avant, soit après le sémis.

Un arrosement semblable serait très-convenable après la coupe des luzernes, des foins, etc.

PARAGRAPHE LVIII.

De l'application du parenchyme à la fabrication de briquettes-bûches.

Un fabricant de fécule, qui ne trouvait pas à se défaire avantageusement du *parenchyme* dont il avait retiré la fécule, après l'avoir employé comme engrais et en avoir obtenu d'assez bons sultats, conçut l'idée d'en former des briquettes, en le mêlant ávec le poussier de charbon de bois, les *escarbilles*, le poussier de charbon de terre : nous lui devons les détails suivans sur ce nouvel emploi du parenchyme, qui lui a parfaitement réussi.

Briquettes avec le poussier de charbon de bois.

Poussier de charbon de bois.	50 parties.
Parenchyme de pomme de terre humide.	50

On fait de ces deux substances un mélange que l'on pétrit au moyen d'une pelle, ét on le réduit par compression et à l'aide d'un moule à briquettes, en morceaux ronds ou carrés, que l'on expose sous des angars où ils sèchent.

Ces briquettes brûlent parfaitement ; elles laissent une cendre très-chargée d'alcali, qui peut être utilisée avec avantage, pour obtenir du salin bon à employer dans la fabrication du salpêtre, ou à préparer des lessives pour le blanchîment.

Briquettes avec le poussier de charbon de terre.

Charbon de terre concassé.	50 parties.
Argile grasse.	10
Parenchyme.	90

On mêle avec une pelle l'argile, le parenchyme et le charbon; on ajoute de l'eau si cela est nécessaire. On fait avec ce mélange des boules informes; on les place sur un moule*;* on comprime à grands coups de palettes; on sort la brique du moule; on l'expose à l'air sec sous un angar. Ces briques séchées brûlent bien, mais elles ne donnent pas, par la combustion, des cendres propres aux mêmes usages que celles obtenues du mélange précédent.

On suit le même mode pour préparer les briquettes avec le parenchyme et les résidus de la combustion du charbon de terre. On prend parties égales de parenchyme et d'*escarbilles;* on ajoute une quantité d'eau suffisante*;* on fait une pâte, on la place sur des moules et l'on comprime fortement. On retire du moule et on fait sécher sous des angars.

Ces briquettes, que l'un de nous a vu employer comme combustible, donnent un bon feu et laissent dégager beaucoup de chaleur. La cendre obtenue de la combustion, est de même nature que celle obtenue du mélange précédent.

Les bûches peuvent être faites de la même manière, avec l'un ou l'autre mélange, mais avec un *moule* propre à ce genre de préparation.

PARAGRAPHE LVIX.

De l'emploi des fanes de pommes de terre, soit seules soit mêlées avec d'autres végétaux pour faire des nitrières artificielles.

M. Dubuc père, pharmacien à Rouen, dans le but de seconder les intentions de M. le baron Malouet, a fait des essais qui ont prouvé que les fanes de pommes de terre mêlées d'autres plantes (1), peuvent servir à préparer des couches propres à la productiou du salpêtre. M. Dubuc indique le procédé suivant.

On prend 200 parties de fanes de pommes de terre, au moment de la récolte (ou d'autres plantes où l'azote existe en assez grande quantité); on les hache grossièrement, on les mêle avec 500 parties de terre mélangée dans les proportions ci-dessous (2); on mêle les plantes hachées avec la terre, et on en forme des couches de dix-huit pouces de hauteur, sur deux pieds et demi de longueur; en commençant la couche par quatre pouces de terre, et terminant de même, on arrose cette couche, afin de lui donner un degré d'humidité convenable; on abandonne le tout pendant deux mois, sans y toucher; la couche s'affaisse, le mélange se colore en brun, et laisse dégager une odeur fade et désagréable.

Au bout de deux mois, on retourne la couche, au moyen du louchet, et on l'arrose de nouveau. Six mois après, on retourne de nouveau la couche, et on l'arrose; enfin, après quinze mois de travail, on fit l'essai du produit, par le lessivage.

---

(1) Les fanes seules peuvent produire le même résultat.

(2) Vieux ciment. 70 parties.
Terre de jardin (un peu siliceuse). 160
Platras. 70

On obtint des résultats peu avantageux, mais en laissant encore la réaction s'opérer dans cette couche pendant onze mois. On obtint, au bout de vingt-six mois, un terreau ayant un goût frais et salpêtré, en tout analogue à celui de la terre contenant des nitrates, et semblable à celle que l'on retire des caves et des lieux bas.

D'après le lessivage, M. Dubuc a reconnu que 100 livres de plantes employées, donnent en deux ans, par ce procédé, plus de quatre livres de bon salpêtre.

Le travail de M. Dubuc, quoique incomplet, puisqu'il n'a pas établi quels sont les frais d'exploitation, et l'avantage réel qui en résulte, par la vente du produit, compensé avec les frais de travail, peut cependant donner lieu à de nouveaux essais, qui sans doute tourneront à l'avantage de notre patrie, puisque le nitre nous est encore, pour la plus grande partie, fourni par l'étranger.

Le parenchyme, séparé de la fécule, pourrait être employé à former les couches semblables; ce produit étant déjà divisé, ce serait un travail de moins à faire. Il est à désirer que M. Dubuc continue ses utiles essais.

PARAGRAPHE LX.

Préparation du riz de pommes de terre, selon la méthode de Mme Chauveau (1).

On prend la pomme de terre, on la lave, on la retire de l'eau, on la met à égoutter, on la coupe par morceaux, que l'on divise en les faisant passer avec force à travers un tamis de laiton, placé au-dessus d'un moule de fer blanc à bords relevés; le tubercule, pressé sur le tamis, tombe, divisé,

(1) Brevet 763, publié dans le tome 9, an 1824.

et blanc comme de la neige, sur le plateau; on emplit celui-ci jusqu'à la hauteur des bords.

Le plateau étant rempli, on le porte dans un four, qui doit être aussi chaud que pour la cuisson du pain : on connaît que la matière a été assez chauffée lorsqu'elle se détache des plateaux; on la tire alors du four, on la concasse de suite dans un grand mortier; lorsqu'on l'a obtenue en morceaux à-peu-près de la grosseur d'un macaron, on la porte dans un moulin semblable à ceux employés à la mouture du tabac; ces morceaux se divisent inégalement; lorsque la matière a subi la mouture, on la passe dans différens tamis, et on en tire du riz de trois espèces de grosseur, et de la farine de riz.

Première grosseur, appelée Riz de pommes de terre.

Ce produit peut servir à faire une espèce de riz au gras ou au lait; on emploie, dans ce dernier cas, sept parties de lait et une de *riz*. Lorsque le lait commence à bouillir, on ajoute le riz; on le laisse cuire pendant 25 à 30 minutes. On peut ensuite le sucrer, l'aromatiser, le glacer, etc.

Ce riz peut remplacer le riz ordinaire : il est quelquefois coloré par du safran qu'on y ajoute, en quantité relative au degré de coloration qu'on veut obtenir.

Deuxième grosseur, nommée Sagou de pommes de terre.

L'emploi de ce sagou, préféré pour les potages, exige huit parties de liquide pour une de sagou de pommes de terre. Il cuit plus rapidement que le *riz* dont nous venons de parler.

Troisième grosseur, nommée Semoule de pommes de terre.

La semoule exige neuf parties de liquide pour une partie de semoule; elle cuit plus facilement encore que les deux espèces précédentes. Cette semoule est employée particulièrement pour préparer des bouillies aux enfans ; on y ajoute du sirop de capillaire, etc.

Quatrième grosseur. Fleur de riz de pommes de terre.

Cette préparation, qui ne diffère en rien des précédentes, (*riz, sagou, semoule*), si ce n'est par un degré de finesse plus grand, ne doit pas être confondue avec la fécule de pommes de terre ; elle exige dix parties de liquide pour une partie de *fleur*. On en peut aussi faire des bouillies pour les enfans.

Distillation de l'eau exprimée de la pomme de terre, pour obtenir de l'alcool.

Dans un travail que l'un de nous a entrepris avec M. Dutremblay, on remarqua que la liqueur retirée de la pulpe par expression, était quelquefois sucrée; ce fait ayant paru assez singulier, et ayant été communiqué au professeur de technologie, M. *Lenormand*, celui-ci nous fit connaître le travail suivant, qu'il a tiré d'un ouvrage de M. Millot.

On prend la liqueur extraite de la pomme de terre, et qui se trouve dans les baquets placés sous le tamis du moulin à râper et sous la presse; on sépare ce liquide de la fécule; on le réunit dans des chaudières, on le fait chauffer, en remuant jusqu'à ce qu'il soit en ébullition ; on jette dans la chaudière vingt gouttes d'acide sulfurique à 66° par chaque quintal de liqueur. La liqueur acquiert une consistance de bouillie; on la porte encore chaude dans des tonneaux fermés de fonds qu'on peut enlever à volonté; ces tonneaux doivent être placés dans un lieu dont la température soit élevée de 12 à 15 dégrés; on ajoute à ce mélange, lorsqu'il est encore chaud, 2 onces de levure de bière par quintal de liqueur. On remue exactement; on ajoute aussi, pour la même quantité, 12 livres de paille moulue; on agite afin de rendre le mélange complet, on rebouche ensuite le tonneau avec son couvercle.

La fermentation s'établit dans le liquide ; elle augmente successivement pendant deux ou trois jours ; mais ce temps varie selon la quantité de liquide, la grandeur des tonneaux, les proportions des matières fermentescibles, la température des lieux, etc. On reconnaît que la fermentation est terminée lorsque le mouvement cesse ; la liqueur a alors acquis une saveur vineuse et une odeur alcoolique. On débouche les tonneaux ; on introduit le liquide dans un appareil distillatoire ; on en opère la distillation.

Si l'on ne peut pas distiller tout de suite, on remue le liquide, on laisse remonter la paille à la surface, et on ajoute à la liqueur un centième de sel marin dissous (hydrochlorate soude). Cette addition arrête la fermentation. On aide de l'action de ce sel en diminuant la température du lieu, et en ajoutant quelques gouttes d'acide sulfurique ; on peut remettre la distillation à un autre moment. Il vaut mieux cependant opérer de suite.

Il est fâcheux que M. Millot n'ait pas cherché à determiner approximativement quelles sont les proportions d'alcool qu'on peut obtenir par ce travail. Si le résultat de l'opération offrait quelques avantages, il deviendrait d'une très-grande ressource, dans les années (comme en 1825) où la récolte des tubercules a été peu abondante et où la fécule est rare.

PARAGRAPHE LXI.

Distillation du vin de pommes de terre.

Après avoir indiqué les procédés à suivre dans la saccharification et la fermentation spiritueuse des produits de la pomme de terre, nous avons dit, à la fin du paragraphe XLIX, que les renseignemens qu'il est facile de se procurer chez M. Derosne, sur les formes et la conduite de son appareil distillatoire, nous dispensaient de le décrire ; mais, en y réfléchissant davantage, nous trouvons que cette description et la théorie de la distillation continue sont de nature à intéresser tous nos lecteurs, et deviennent indispensables pour ceux qui, éloignés de la capitale, ne peuvent pas y venir puiser aux sources que nous avons indiquées; nous ajouterons quelques données sur les moyens d'enlever aux eaux-de-vie le mauvais goût qui, dans quelques circonstances, s'oppose à leur emploi.

Nous dirons d'abord, en peu de mots, par quelles modifications notables, et plus ou moins heureuses, les appareils distillatoires ont été successivement amenés au point où ils en sont, et où ils ne s'arrêteront sans doute pas encore (1).

Naguère les alambics destinés à la distillation des liquides alcooliques, étaient tous modelés sur d'anciennes formes consacrées, pour ainsi dire, par une longue routine; ils étaient si peu propres à l'usage auquel on les avait destinés, que de nos jours des appareils, quoique éloignés de la perfection, donnèrent dans le même temps, et pour une égale capacité, des produits vingt fois plus considérables.

En l'année 1780, l'ingénieux Argand imagina le premier le moyen de reprendre une partie de la chaleur employée à la vaporisation du vin distillé, pour l'appliquer à la distillation elle-même : il adapta, au-dessus du chapiteau d'un alambic ordinaire, un serpentin renfermé dans un vase clos et baigné entièrement dans le vin (ou tout autre liquide à distiller) ; les vapeurs formées dans la cucurbite se rendaient d'abord dans ce serpentin; là elles se dépouillaient d'une partie de leur chaleur en abandonnant les portions les plus aqueuses, tandis que celles qui étaient plus chargées d'alcool gagnaient, sans se condenser, le serpentin ordinaire, où elles étaient réduites par le refroidissement en un liquide plus alcoolique que celui obtenu par l'ancienne méthode. On trouvait de plus, dans ces dispositions, l'avantage d'échauffer le vin avant de l'introduire

(1) Voyez pour plus de détails l'article *Distillation* du Dictionnaire technologique.

dans la cucurbite, et par conséquent de hâter sa distillation.

Edouard Adam étendit cette heureuse conception : il plaça entre la cucurbite et le serpentin plusieurs vases de forme ovoïde, dans lesquels la vapeur, mise en contact directement avec le vin, s'échauffait en s'y condensant, et bientôt ayant augmenté sa température et sa richesse alcoolique, déterminait une seconde formation d'une vapeur plus alcoolique que la première. On conçoit que cet effet étant répété dans plusieurs vases, l'alcool, dont le degré d'ébullition arrive avant celui où l'eau est assez échauffée pour se vaporiser, se dépouillait graduellement des parties aqueuses plus facilement condensables, et arrivait au serpentin aussi pur qu'après une deuxième et une troisième distillation à la méthode ancienne. D'un autre côté, le liquide des vases intermédiaires s'écoulait de l'un dans l'autre, et suivant une direction contraire à celle de la vapeur, arrivait, en s'affaiblissant et s'échauffant de plus en plus, jusqu'à la chaudière, où il se dépouillait complètement de tout l'alcool qu'il avait encore retenu.

Cet ingénieux appareil fut perfectionné par M. Duportal (1); M. Sellier-Blumenthal le simplia beaucoup tout en augmentant ses bons effets; ce fut ce dernier alambic dont les détails de construction soient rapprochés encore par M. Derosne des formes et des dimensions que la théorie indique.

DESCRIPTION DE L'APPAREIL DE M. DEROSNE.

Cet appareil est composé :

1° De deux chaudières A et *a* (pl. 3);

2° D'une colonne distillatoire *b*;

3° D'un rectificateur *c*;

4° D'un condensateur, chauffe-vin *d*;

5° D'un réfrigérant *e*;

---

(1) Voyez son excellent mémoire inséré dans le tome LXXVII des Annales de chimie.

6° D'un seau de vidange ou régulateur d'écoulement, garni d'un robinet à flotteur *f*.

7° D'un réservoir *g*.

Pour opérer avec cet appareil, on commence par emplir la première chaudière A avec le liquide à distiller, au moyen de la douille *h*; on en ajoute jusqu'à ce que le niveau s'élève à la hauteur de deux ou trois pouces au-dessous de la partie supérieure de l'indicateur en verre *x* qui y est adapté. On en fait autant pour la chaudière *a*; mais on en verse jusqu'à la hauteur de six pouces au-dessus de son robinet de décharge 2. Les choses ainsi disposées, et le réservoir *g* ainsi que le régulateur *f* étant remplis on ouvre le robinet 4, qui verse dans l'entonnoir *i* du réfrigérant *e*. Ce vase étant plein et parfaitement clos de toutes parts, le liquide s'élève par le tube *k*, qui vient se décharger dans la partie supérieure du condensateur *d*, et le remplit presque totalement. Le trop-plein s'écoule par le tube *l*, dans la colonne distillatoire *b*. La disposition intérieure de cette colonne est telle, que le liquide tombe en forme de cascade sur une série de plateaux qui se trouvent fixés autour d'un même axe. Il arrive ainsi, de proche en proche, jusqu'à la chaudière *a*, et l'on est averti de son arrivée par l'élévation du niveau dans le tube indicateur *z*; alors on ferme le robinet 4 du régulateur, et l'on allume le feu sous la chaudière.

Avant de terminer la description de cet ingénieux procédé, nous indiquerons la forme de chacune des pièces qui entrent dans la composition de l'appareil. Nous venons de dire en quoi consiste la construction de l'intérieur de la colonne; les douilles *b' b'*, qui y sont adaptées, sont des regards destinés à faciliter le nettoyage intérieur de la colonne; ils doivent être fermés avec des bondons, entourés de filasse, pendant tout le cours de la distillation.

Le rectificateur *c* est construit intérieurement de la même manière que le reste de la colonne dont il fait partie; il ne reçoit point le liquide réfrigérant du condensateur, mais seulement celui qui se produit dans les premières hélices, et il leur transmet en échange la vapeur qu'il produit et une partie de celles qu'il reçoit de la colonne.

Le condensateur *d* est un cylindre en cuivre qui contient un serpentin à hélices couché horizontalement; chacune de ses hélices verticales communique par sa partie inférieure, au moyen des tubes *p*, *q*, *r*, *s*, etc., à un tuyau commun incliné de manière à pouvoir écouler le produit total dans le tube *o*, qui conduit au réfrigérant; mais ce tuyau *m*, *n*, est annexé à des tubes *p'*, *q'*, *r'*, *s'*, qui permettent le retour dans le rectificateur des portions condensées dans les hélices. Ce retour peut être rendu total ou partiel, à l'aide des robinets 5, 6, 7, 8. La capacité intérieure de ce vase est divisée en deux parties inégales D', D", au moyen d'un diaphragme *t*, *u*, au bas duquel on a ménagé une ouverture de communication entre ces deux parties. Cette disposition est établie dans la double intention d'envelopper les premières hélices d'un liquide assez chaud pour permettre seulement la condensation des vapeurs les plus aqueuses, et de ne déverser dans la colonne qu'un liquide presque bouillant. En effet, le vin arrive par le tube *k* dans la capacité *d'*, où il s'échauffe modérément et également. De là il s'écoule par l'ouverture inférieure du diaphragme dans la partie *d"*, où il acquiert une plus grande élévation de température; et comme les parties les plus échauffées, spécifiquement plus légères que les autres, viennent occuper la partie supérieure de cette capacité, il s'ensuit que ce sont toujours celles-là qui affluent dans la colonne.

Le réfrigérant *e* n'offre rien de remarquable; c'est un serpentin ordinaire entièrement renfermé dans un vase cylindrique en cuivre.

Supposons maintenant qu'on allume le feu sous la chaudière A, et voyons ce qui va se passer dans chacune des parties: dès que le vin bouillira dans cette première chaudière, les vapeurs iront, au moyen du tube de communication *j*, qui plonge dans le liquide même, se condenser dans la chaudière *a*; celle-ci ne tardera pas elle-même à entrer en ébullition, parce qu'elle reçoit dans le passage sous son fonds de la fumée, l'excédant de la chaleur du foyer. La vapeur qui sort de *a* ne trouve d'autre issue que la colonne : elle y pénètre, échauffe le liquide sur son passage, se condense en partie, tandis que le reste parvient aux régions plus élevées, puis au rectificateur, de là dans le condensateur, et enfin dans le réfrigérant, si elles n'ont pu être coërcées précédemment. Lorsque l'appareil est en pleine activité, et que les robinets 1, 2, 4, sont ouverts, ce qui doit être fait aussitôt que le condensateur *d* est assez chaud pour qu'on n'y puisse plus tenir la main. A cette époque, la *distillation continuè* commence, le vin du réfrigérant devient tiède à la partie supérieure; il s'échauffe plus fortement à mesure qu'il parcourt les deux divisions du condensateur, et finit par couler, presque bouillant, du tuyau dans la colonne *b*, où il se trouve en contact immédiat avec les vapeurs qui s'échappent de la chaudière. Le degré de température qu'il y reçoit, le dépouille, pendant sa chute, des vapeurs alcooliques qu'il contient, et il entraîne avec lui la portion des vapeurs aqueuses qui se sont condensées par le refroidissement qu'il a produit; lorsque l'opération est bien réglée, le liquide, qui arrive dans la chaudière *a*, ne contient plus d'alcool; mais comme il se peut qu'on fasse, par négligence, descendre le vin trop précipitamment, alors il achève de se dépouiller par l'ébullition, soit dans la chaudière *a*, soit dans la chaudière A, et c'est là ce qui constitue peut-être le seul avantage de celle-ci.

Ce qui arrive dans la première colonne *b*, se répète dans le rectificateur qui est au-dessus, et à mesure que les vapeurs montent davantage, elles deviennent d'autant plus riches en alcool, puisqu'en effet l'abaissement successif de température qu'elles subissent, détermine sans cesse la condensation d'une portion des vapeurs aqueuses qu'elles renferment; or les vapeurs aqueuses, en se condensant, échauffent assez le liquide alcoolique qu'elles rencontrent pendant leur ascension, pour produire la volatilisation de cet alcool; il s'ensuit donc que les vapeurs vont toujours en se dépouillant de leur eau, et en s'enrichissant de l'alcool contenu dans le liquide qu'elles rencontrent. Ces vapeurs une fois parvenues dans le condensateur, l'eau et l'alcool, ne peuvent plus faire entre eux cet échange de calorique qui s'effectuait dans le rectificateur; mais comme, par la disposition des choses, les premières hélices que ces vapeurs parcourent, sont environnées d'un liquide plus chaud que celui qui enveloppe les hélices suivantes, il en résulte encore que, chemin faisant, elles font toujours des progrès vers une plus grande rectification, en telle sorte qu'une fois arrivées jusqu'au tube *o*, elles ne peuvent contenir que de l'alcool très-déflegmé, puisqu'elles ont résisté à une moindre température; c'est en effet ce qui arrive lorsqu'on a eu la précaution d'ouvrir les robinets 5, 6, 7, 8, pour déterminer la rentrée dans le rectificateur, des produits condensés dans les hélices. On conçoit que si, au lieu d'ouvrir tous ces robinets, on ouvre seulement ceux qui communiquent avec les premières hélices, alors leur produit, qui est le plus aqueux, retournera seul dans le rectificateur, tandis que l'autre s'écoulera dans le réfrigérant, et ira s'ajouter au résultat de la condensation des vapeurs les plus alcooliques qui y parviennent. On peut donc, à volonté, au moyen de ce condensateur, obtenir de l'alcool à tous les degrés, avec plus de facilité même que dans l'appareil d'Edouard Adam, et l'on voit qu'il supplée parfaitement à cette série de vases dont il présente tous les avantages sans en avoir les inconvéniens. L'expérience a démontré qu'en général, pour obtenir le degré 3/6 du commerce (33° de l'aréomètre Beaumé), il fallait fermer les robinets 5, 6, 7, et laisser le numéro 8 ouvert seul; mais on peut atteindre à un degré plus fort, en diminuant la température du condensateur, et en laissant tous les robinets ouverts. Il est toujours convenable, dans le principe de l'opération, de chasser une certaine quantité de vapeurs, afin de laver les conduits et entraîner toutes les portions qui, par leur séjour, pourraient avoir contracté un mauvais goût, et de ne commencer à recueillir que quand le produit en est débarrassé.

Le robinet n° 9, sert à vider complètement le condensateur, lorsqu'il est nécessaire de le nettoyer.

Les ouvertures *u v x*, sont également destinées à faciliter le nettoyage de cette même pièce.

Les tubes *y*, *t*, sont des indicateurs en verre qui servent à apprécier la marche de l'opération, et à reconnaître si le liquide n'afflue pas en trop grande quantité dans la colonne, et s'il n'est pas nécessaire d'en modérer l'écoulement, en fermant un peu plus le robinet n° 4, ou s'il faut, au contraire, en augmenter l'arrivée et ralentir le feu, en poussant le registre adapté à la cheminée. L'opérateur dispose à son gré de ces moyens pour régler l'opération, et l'expérience lui apprend bientôt à en faire un usage convenable.

PARAGRAPHE LXII.

Procédés pour enlever aux eaux-de-vie de pommes de terre leur goût désagréable.

Quels que soient la méthode que l'on ait employée dans la préparation du moût de pommes de terre, et les soins que l'on ait pris pendant la fermentation, enfin l'appareil qui ait servi à la distillation, les produits alcooliques obtenus contractent toujours un goût désagréable plus ou moins prononcé. Cet effet paraît tenir à la présence d'une huile essentielle préexistante dans les tubercules, et qui accompagne toujours la fécule et les autres produits de la pomme de terre. Il est du moins certain que cette huile a été obtenue en quantité notable dans la rectification des alcools de fécule; on a même étudié ses propriétés et reconnu son action délétère sur l'économie animale (*Voyez* le Journal de Chimie médicale, année 1825.)

Parmi les divers moyens essayés pour enlever le mauvais goût à l'eau-de-vie de pommes de terre, l'application du chlorure de chaux a paru offrir les résultats les plus assurés : il réagit, par le chlore qu'il contient, sur les élémens de l'huile essentielle dont cette altération détruit les propriétés caractéristiques.

On conçoit que la quantité utile de chlore, et par suite, de chlorure de chaux, doit varier suivant les proportions, elles-mêmes très-variables, d'huile essentielle contenue dans les eaux-de-vie; de là la difficulté de préciser les doses convenables; on ne peut y parvenir que par des essais sur de petites quantités de l'eau-de-vie à *désinfecter*. Ces essais préalables doivent être faits avec toute l'exactitude possible, car le plus léger excès de chlore laisse à l'eau-de vie un goût tout aussi désagréable que celui que l'on voulait enlever; en général il suffit d'un demi-millième environ du poids de l'eau de-vie, en chlorure de chaux pulvérulent (1), pour réagir sur l'huile essentielle qu'elle contient.

Voici comment on opère : on délaye le chlorure de chaux dans à-peu-près dix fois son volume d'eau, que l'on ajoute d'abord en petite quantité; afin de mieux diviser la poudre, on laisse déposer ce mélange pendant deux ou trois heures; on décante le liquide clair; on verse sur le dépôt une quantité d'eau égale à la première; on agite et on laisse déposer le même temps que la première fois; on décante encore, et l'on répète une troisième fois cette manipulation. Les liquides clairs réunis sont versés dans l'eau-de-vie de pommes de terre. On

---

(1) Cette dose pourrait encore varier suivant la qualité du chlorure de chaux; il faut donc se procurer ce produit à un titre constant : on en trouve au prix de 1 fr. 40 c. le kilogramme, marquant 100 degrés au chloromètre Gay-Lussac, chez MM. Payen, Ador et Bonnaire, faubourg St-Martin, n° 43, à Paris.

brasse bien le mélange, on laisse déposer pendant dix ou douze heures; on redistille ensuite, et si l'on n'a pas excédé la proportion de chlorure nécessaire, on obtient de l'alcool sans odeur et sans goût désagréables.

Dans le cas où, nonobstant les espériences préliminaires, on aurait excédé la proportion utile de chlorure de chaux, on s'en apercevrait facilement au goût de chlore qui persisterait dans l'eau-de-vie; il faudrait se garder de la distiller en cet état; ce que l'on aurait de mieux à faire, ce serait d'ajouter une nouvelle quantité d'eau-de-vie à épurer. Il vaudrait mieux mettre un excès de celle-ci que de laisser un excès de chlore.

On pourrait enlever le mauvais goût des eaux-de-vie, en les faisant passer sur un filtre de charbon en poudre (la braise récente pulvérisée est très-convenable pour cet usage), et renouvelant celui-ci dès que son action serait épuisée. Ce moyen, que l'on peut même employer après avoir mêlé le chlorure, réussit bien, mais il devient dispendieux, surtout par la perte en alcool que l'on éprouve dans les transvasemens et par l'imbibition du charbon. On évite cependant la plus grande partie de la déperdition, en lavant les marcs dont l'action est épuisée, et ajoutant les eaux de lavage à d'autres eaux-de-vie.

PARAGRAPHE LXIII.

De l'analyse de la pomme de terre.

L'analyse de la pomme de terre a été faite par M. *Vauquelin*, pour la Société d'Agriculture, et cette analyse a été répétée par ce savant sur diverses variétés, au nombre de quarante-sept. Il chercha d'abord à déterminer quelle était la quantité d'eau contenue dans les tubercules; il reconnut que ce liquide y existait en des proportions différentes; en effet, onze des variétés qui furent examinées, perdirent les 2/3 de leur poids d'eau, dix autres perdirent les 3/4, six autres perdirent près des 4/5. M. Vauquelin reconnut en outre que ces tubercules contenaient des quantités différentes d'amidon, et que les proportions variaient depuis 1/8 de leur poids jusqu'à 1/4; mais il observa que tout l'amidon ne pouvait être retiré du parenchyme, et que celui-ci en retenait toujours une certaine proportion qu'il a évaluée des 2/3 aux 3/4. Outre ces produits, ce savant analyste reconnut dans la pomme de terre les substances suivantes :

1° De l'albumine colorée, les 7/1000 du poids du végétal.
2° Du citrate de chaux, les 12/1000.
3° De l'asparagine, au moins 1/1000.
4° Une résine amère, aromatique cristalline.
5° Des phosphates de potasse et de chaux.
6° Du citrate de potasse.
7° De l'acide citrique.
8° Une matière animale particulière, 4 ou 5/1000.

Nous allons indiquer le mode d'opérer, suivi par M. Vauquelin, dans l'analyse. Ce procédé peut servir d'exemple pour ceux qui voudraient s'occuper d'un semblable travail.

On prive la pomme de terre de toute la substance terreuse qui peut se trouver sur la pellicule; on râpe le tubercule, on exprime fortement la pulpe, on delaye le marc avec une quantité d'eau suffisante, on exprime une seconde fois, on répète le lavage une deuxième fois. On réunit toutes les liqueurs, on les filtre et on les fait bouillir pendant quelque temps. Par l'ébullition il se forme un coagulum d'albumine que l'on sépare par la filtration. On lave bien le coagulum, on le fait dessécher, et l'on prend son poids. On fait évaporer la liqueur filtrée jusqu'en consistance d'extrait; on délaie ce dernier dans une petite quantité d'eau, afin de ne pas redissoudre le citrate de chaux, que l'on recueille sur un filtre, et qu'on lave avec de l'eau froide jusqu'à ce qu'il ait acquis une couleur blanche; on fait sécher puis on prend son poids. On réunit la liqueur de lavage avec l'autre liqueur d'où l'on a séparé le citrate de chaux; on étend d'eau, et on précipite par un excès d'acétate de plomb; on laisse déposer, on sépare par décantation le liquide surnageant; on recueille le précipité sur un filtre; on lave à plusieurs reprises avec de l'eau chaude, et on met à part le liquide qui formait l'eau mère du sel de plomb, ainsi que celui qui a servi au lavage.

Le précipité formé par l'acétate de plomb (citrate de plomb), doit être délayé dans de l'eau distillée. On fait passer dans ce mélange un courant d'hydrogène sulfuré; cet acide décompose le sel de plomb, convertit le métal en sulfure, et met à nu l'acide citrique; on filtre la liqueur pour séparer le sulfure, que l'on recueille sur un filtre, et l'on fait évaporer jusqu'en consistance siropeuse; on abandonne ensuite cet acide, pour qu'il puisse prendre une forme cristalline; on sépare les cristaux, on les met à égoutter et à sécher; on évapore de nouveau les eaux mères, qui fournissent de nouveaux cristaux : lorsque ceux-ci sont secs on prend le poids de cet acide.

La liqueur d'où l'on a séparé le citrate de plomb par la filtration, est soumise à l'action d'un courant d'acide hydro-sulfurique, on continue à faire passer de cet acide jusqu'à ce que tout le métal soit précipité, et qu'il y en ait un excès; on filtre alors, on fait évaporer en consistance de sirop, et on abandonne en cet état dans un endroit frais : l'asparagine, qui existe dans la liqueur, cristallise; on délaye alors dans de l'eau froide, on décante et on lave avec de petites quantités d'eau l'asparagine, qui forme sédiment, jusqu'à ce qu'elle soit blanche. On prend ensuite la liqueur où avait cristalisé ce principe, on l'amène en consistance d'extrait, puis on traite à chaud par de l'alcool à 30°; on filtre et l'on sépare, en faisant évaporer, de l'acétate et du nitrate de potasse. On obtient alors la matière végéto-animale séparée de la plus grande partie des principes qui l'accompagnaient. Le travail de M. Vauquelin a été inséré dans les Annales du Muséum d'histoire naturelle, pages 241 et suivantes du tome 3e. En traitant le parenchyme par d'autres moyens, on peut encore en séparer d'autres produits.

FIN.

TABLE DES MATIÈRES

Pages

FIN DE LA TABLE.

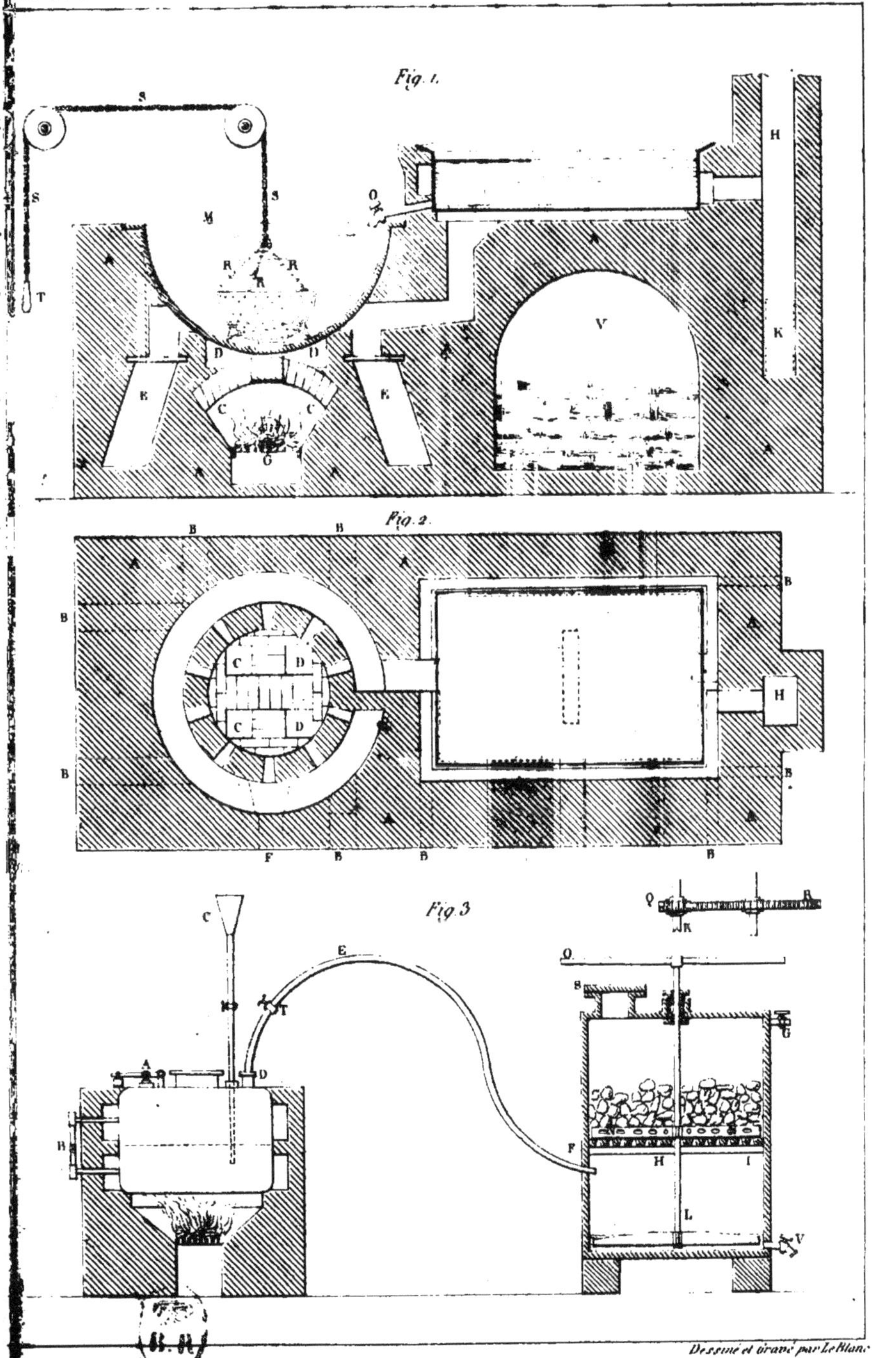

Fig. 1.

Fig. 2.

Fig. 3

Dessiné et Gravé par Le Blanc

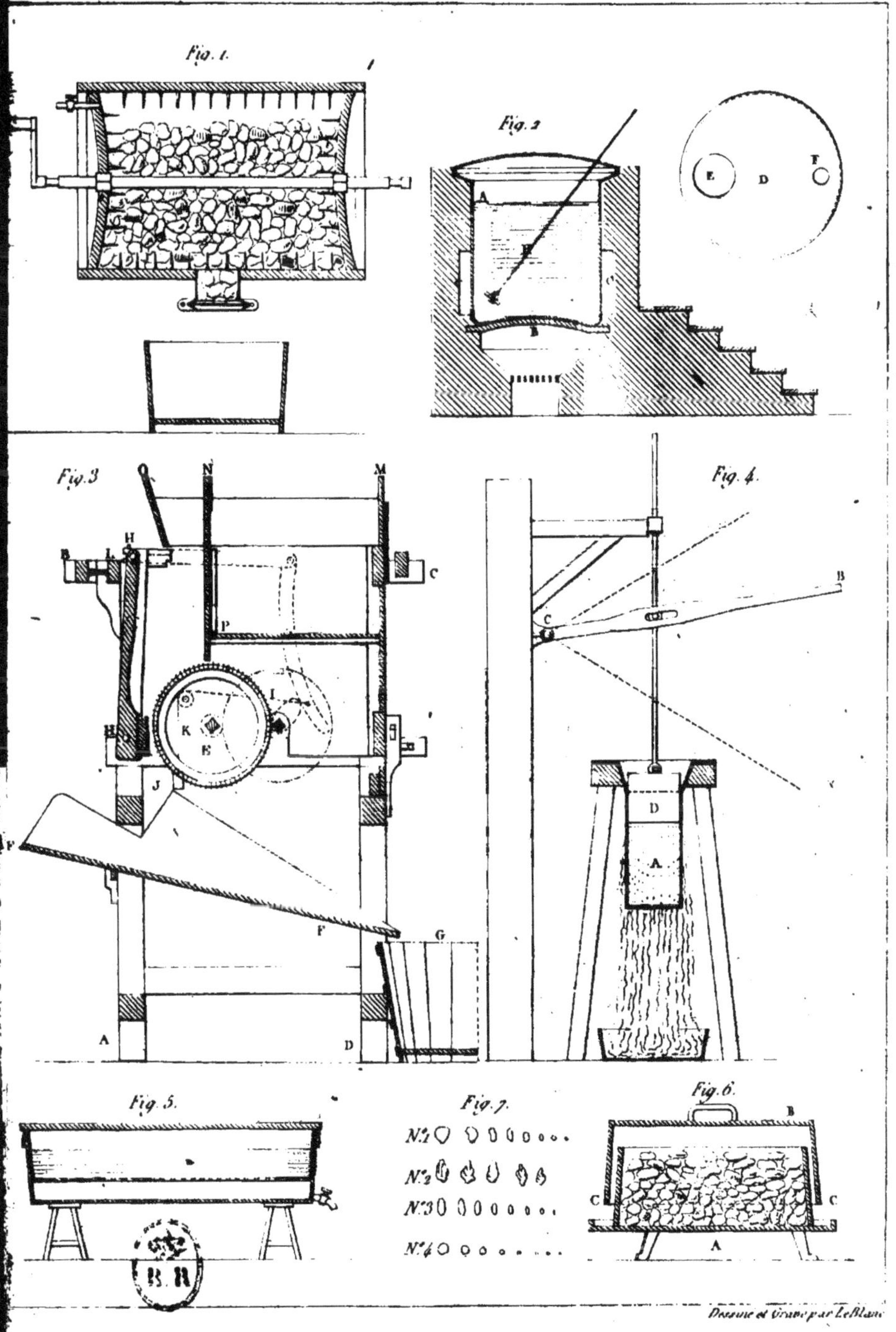

Dessiné et Gravé par LeBlanc

Dessiné et Gravé par Le Blanc

www.ingramcontent.com/pod-product-compliance
Ingram Content Group UK Ltd.
Pitfield, Milton Keynes, MK11 3LW, UK
UKHW021147260726
13994UKWH00001B/340

9 782329 339207